今すぐ使える かんたんEx

仕事に役立つ
PDF & Acrobat

〈Acrobat DC/ Reader DC/ 2017 対応版〉

プロ技 BEST セレクション

リンクアップ 著

技術評論社

● 本書の使い方

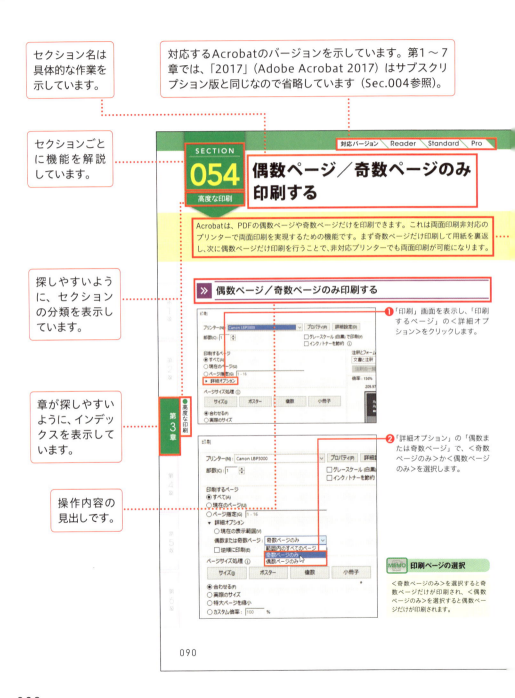

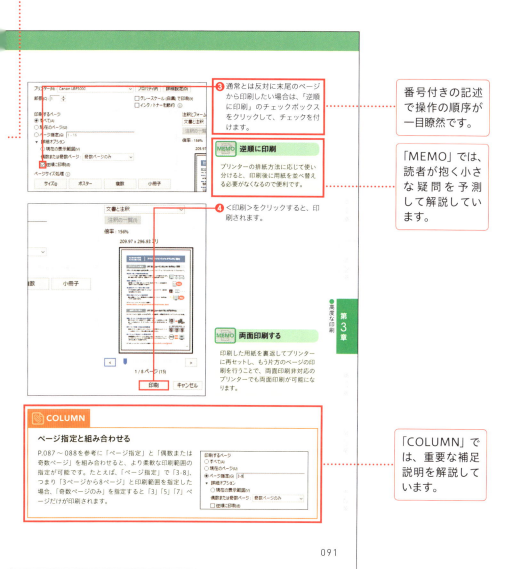

●目次

第1章 PDFとAcrobatの基本

Section 001	PDFとは	018
Section 002	Acrobatとは	019
Section 003	Acrobatの種類	020
Section 004	Acrobatの機能の違い	022
Section 005	Acrobatをインストールする	024
Section 006	Acrobat Readerをインストールする	026
Section 007	Acrobatの基本画面	028
Section 008	画面をカスタマイズして使いやすくする	030
Section 009	ツールバーをカスタマイズする	032

第2章 PDFの閲覧

Section 010	ページを見開きで表示する	034
Section 011	表紙の付いたPDFを見開きで表示する	035
Section 012	ページ全体が見えるように表示する	036
Section 013	文書パネルの幅や高さに合わせて表示する	037
Section 014	ページを拡大／縮小して表示する	038
Section 015	ページを実寸で表示する	039

CONTENTS

Section 016	閲覧モードで表示する	040
Section 017	フルスクリーンモードで表示する	041
Section 018	ページの向きを回転する	042
Section 019	スクロールせずにページ単位で表示する	044
Section 020	自動スクロールで表示する	045
Section 021	任意のページにすばやく移動する	046
Section 022	ページサムネールから選んでページを移動する	047
Section 023	最初のページ／最後のページに移動する	048
Section 024	ページ番号を変更する	049
Section 025	ページ番号の表記を変更する	050
Section 026	セクションを設定する	052
Section 027	テキストをコピーする	054
Section 028	表示ページのスクリーンショットを撮る	055
Section 029	PDF内を検索する	056
Section 030	PDF内を条件付きで検索する	057
Section 031	しおりを設定する	058
Section 032	しおりでページに移動する	060
Section 033	しおりを階層構造にする	061
Section 034	タブを切り替える／閉じる	062
Section 035	タブを分離してウィンドウにする	063
Section 036	ページを2分割して表示する	064
Section 037	ページを4分割して表示する	065
Section 038	同じPDFを複数のウィンドウで表示する	066
Section 039	ページを右綴じにする	068

005

●目次

| Section **040** | PDFごとにページレイアウトを設定する | 070 |
| Section **041** | 前回開いていた状態でPDFを開く | 072 |

第 **3** 章 PDFの印刷

Section **042**	PDFを印刷する	074
Section **043**	用紙のサイズに合わせて印刷する	075
Section **044**	見開きで印刷する	076
Section **045**	書き込まれた注釈も印刷する	077
Section **046**	ページを複数の用紙に分けて印刷する	078
Section **047**	複数のページを1枚の用紙で印刷する	080
Section **048**	両面に印刷する	082
Section **049**	グレースケールで印刷する	083
Section **050**	複数のPDFをまとめて印刷する	084
Section **051**	小冊子にして印刷する	086
Section **052**	ページ範囲を指定して印刷する	087
Section **053**	ページを飛び飛びに印刷する	088
Section **054**	偶数ページ／奇数ページのみ印刷する	090
Section **055**	ページの一部分を印刷する	092
Section **056**	ページに余白を付けて印刷する	093
Section **057**	トンボを付けて印刷する	094

CONTENTS

第 4 章 PDFの編集／管理

Section **058**	PDFの編集機能	096
Section **059**	ページを削除する	098
Section **060**	ページの順序を入れ替える	099
Section **061**	ページを追加する	100
Section **062**	ページを抽出する	101
Section **063**	ページを分割する	102
Section **064**	一定のファイルサイズごとにページを分割する	104
Section **065**	セクションごとにページを分割する	105
Section **066**	ページ表示時にアニメーションを追加する	106
Section **067**	ページを置換する	108
Section **068**	ページをトリミングする	109
Section **069**	複数のPDFを1つにまとめる	110
Section **070**	テキストを編集する	111
Section **071**	テキストの書式を変更する	112
Section **072**	箇条書きや文字列の折り返し幅を保持したまま編集する	114
Section **073**	画像を追加する	116
Section **074**	画像を編集する	118
Section **075**	画像を差し替える	119
Section **076**	テキストや画像を移動する	120
Section **077**	テキストや画像を整列する	121

007

●目次

Section **078**	テキストや画像の並び順を変更する	122
Section **079**	背景を追加する	123
Section **080**	ヘッダーやフッターを追加する	124
Section **081**	通し番号を追加する	126
Section **082**	Webページへのリンクを追加する	128
Section **083**	別の文書へのリンクを追加する	130
Section **084**	ファイルを添付する	131
Section **085**	アクションのあるボタンを追加する	132
Section **086**	音声や動画を追加する	134
Section **087**	音声や動画の再生方法を変更する	136
Section **088**	編集したPDFを保存する	137
Section **089**	ページの編集をもとに戻す／やり直す	138
Section **090**	PDFを最初の状態に戻す	139
Section **091**	PDFを画像に変換する	140
Section **092**	PDF内の画像を書き出す	141
Section **093**	PDFをWord／Excel／PowerPoint形式に書き出す	142
Section **094**	PDFをテキスト形式に書き出す	143
Section **095**	PDFを履歴から開く	144
Section **096**	最近使用したファイルを検索して開く	145
Section **097**	PDFをDocument Cloudで管理する	146
Section **098**	PDFをDropboxで管理する	148
Section **099**	エクスプローラーでPDFファイルのサムネールを表示する	150

CONTENTS

第 5 章 PDFの作成と保護

Section **100**	Word／Excel／PowerPointファイルからPDFを作成する	152
Section **101**	WebページからPDFを作成する	154
Section **102**	印刷機能のあるソフトからPDFを作成する	156
Section **103**	画像ファイルからPDFを作成する	157
Section **104**	OutlookのメールをPDFにする	158
Section **105**	Outlookのメールを自動でPDFにする	160
Section **106**	PhotoshopファイルからPDFを作成する	162
Section **107**	IllustratorファイルからPDFを作成する	163
Section **108**	さまざまなファイルをPDFポートフォリオにまとめる	164
Section **109**	複数のファイルをまとめてPDFに変換する	166
Section **110**	PDFのファイルサイズを小さくする	167
Section **111**	PDFを最適化する	168
Section **112**	より高品質なPDFを作成する	170
Section **113**	PDFをグレースケールにする	171
Section **114**	PDF/A、PDF/X、PDF/Eで保存する	172
Section **115**	スキャナーでPDFを作成する	174
Section **116**	スキャンした文書を編集／検索する	175
Section **117**	スキャンした文字を修正する	176
Section **118**	PDFに署名を追加する	177
Section **119**	アクションウィザードでPDFを作成する	178

009

● 目次

Section **120**	配布するPDFのセキュリティ	180
Section **121**	機密箇所を墨消しにする	182
Section **122**	PDFを暗号化する	183
Section **123**	PDFをパスワードで保護する	184
Section **124**	PDFの編集を制限する	186
Section **125**	PDFを印刷不可にする	188
Section **126**	PDF内のテキストをコピー不可にする	189
Section **127**	セキュリティポリシーを設定する	190
Section **128**	PDFに透かしを追加する	192
Section **129**	デジタルIDを使って電子署名する	194
Section **130**	電子署名の証明書を送信する	198
Section **131**	送信したPDFを誰が参照したか追跡する	202
Section **132**	依頼した電子署名のステータスを確認する	204

第 **6** 章 PDFの校正とレビュー

Section **133**	PDFの注釈機能の使い方と校正	208
Section **134**	テキストの削除や修正を指示する	210
Section **135**	テキストの挿入を指示する	212
Section **136**	テキストにハイライトを付ける	213
Section **137**	ノート注釈を追加する	214

CONTENTS

Section **138**	注釈やハイライトの色を変更する	216
Section **139**	テキストボックスを使って指示する	217
Section **140**	フリーハンドで注釈を付ける	218
Section **141**	スタンプや電子印鑑を押す	220
Section **142**	注釈を一覧表示する	221
Section **143**	注釈にコメントする	222
Section **144**	注釈に返信する	223
Section **145**	注釈を検索する	224
Section **146**	マウスオーバーで注釈を自動的に開く	225
Section **147**	注釈を削除する	226
Section **148**	注釈の一覧を作成する	227
Section **149**	注釈データをやりとりする	228
Section **150**	図形や矢印を描いて指示する	230
Section **151**	図形の線の色や太さを変更する	231
Section **152**	図形の塗りつぶし色を変更する	232
Section **153**	図形の透明度を変更する	233
Section **154**	図形のプロパティをデフォルトにする	234
Section **155**	図形を削除する	235
Section **156**	ファイルを添付する	236
Section **157**	音声で読み上げてもらう	238
Section **158**	2つのPDFの内容を比較する	240
Section **159**	2つのPDFの比較箇所にコメントする	242
Section **160**	フィルターで絞り込んでPDFを比較する	243
Section **161**	PDFのドキュメントレビュー機能とは	244

目次

Section **162** メールでレビューを依頼する ……………………………………… 246

Section **163** ファイル共有でレビューを依頼する ……………………………… 247

Section **164** トラッカーでレビューを管理する ……………………………… 248

Section **165** 注釈の表示名を変更する ………………………………………… 249

Section **166** 回覧承認機能を付けてレビューを依頼する ……………………… 250

Section **167** メールで依頼されたレビューを校正する ………………………… 252

Section **168** ファイル共有で依頼されたレビューを校正する ………………… 254

Section **169** レビューを収集してPDFに反映する …………………………… 256

Section **170** レビュワーを追加する …………………………………………… 258

第 7 章 フォームの作成と集計

Section **171** フォームによる入力欄のあるPDF ……………………………… 260

Section **172** フォームのもととなるExcel文書を用意する …………………… 262

Section **173** フォームを自動作成する ………………………………………… 263

Section **174** フィールドの表示方法を変更する ……………………………… 264

Section **175** フィールド名を変更する ………………………………………… 266

Section **176** ツールヒントを変更する ………………………………………… 267

Section **177** フィールドを非表示にする ……………………………………… 268

Section **178** フィールドを印刷しないようにする …………………………… 269

Section **179** フィールド内で自動計算を行う ………………………………… 270

Section 180	リストボックスを追加する	272
Section 181	ドロップダウンリストを追加する	274
Section 182	チェックボックスやラジオボタンを追加する	275
Section 183	テキストフィールドを追加する	276
Section 184	ボタンを追加する	277
Section 185	ボタンをクリックしたときの動作を設定する	278
Section 186	フォームを配布する	280
Section 187	配布されたフォームに記入する	281
Section 188	フォームに入力されたデータを集計する	282

第8章 モバイル版の利用

Section 189	モバイル版Acrobat Readerでできること	286
Section 190	Adobe IDでサインインする	288
Section 191	PDFを閲覧する	289
Section 192	ページをスクロールせずに表示する	290
Section 193	PDF内を検索する	291
Section 194	複数ページを一気に移動する	292
Section 195	指定のページに移動する	293
Section 196	コメント注釈を付ける	294
Section 197	テキストを書き込む	296

目次

Section 198	テキストの削除を指示する	297
Section 199	下線を追加する	298
Section 200	テキストにハイライトを付ける	299
Section 201	フリーハンドで注釈を付ける	300
Section 202	変更をもとに戻す／やり直す	302
Section 203	ページの順序を入れ替える	303
Section 204	ページを削除する	304
Section 205	ページを回転する	305
Section 206	フォームに入力する	306
Section 207	署名を作成する	308
Section 208	撮影した写真をPDFにする	309
Section 209	Word／Excel／PowerPointファイルからPDFを作成する	310
Section 210	PDFをWord／Excel／PowerPoint形式に書き出す	311
Section 211	PDFを検索する	312
Section 212	PDFを削除する	313
Section 213	PDFを共有する	314
Section 214	PDFのリンクを共有する	315
Section 215	Dropboxに保存したPDFを見る	316

第9章 Document Cloudの利用

Section **216**	Document Cloudでできること		318
Section **217**	Document Cloudにログインする		320
Section **218**	Document CloudのPDFを閲覧する		321
Section **219**	ファイルを整理する		322
Section **220**	ページを整理する		324
Section **221**	Document CloudのPDFをダウンロードする		326
Section **222**	Document CloudのPDFを別の形式で書き出す		327
Section **223**	PDFを作成する		328
Section **224**	PDFを結合する		330

ご注意：ご購入・ご利用の前に必ずお読みください

- 本書に記載された内容は、情報の提供のみを目的としています。したがって、本書を用いた運用は、必ずお客様自身の責任と判断によって行ってください。これらの情報の運用の結果について、技術評論社および著者はいかなる責任も負いません。

- ソフトウェアに関する記述は、特に断りのない限り、2017年9月現在での最新バージョンをもとにしています。ソフトウェアはバージョンアップされる場合があり、本書での説明とは機能内容や画面図などが異なってしまうこともあり得ます。あらかじめご了承ください。

- 本書は、Windows 10およびAdobe Acrobat Pro DCの画面で解説を行っています。これ以外のバージョンでは、画面や操作手順が異なる場合があります。

- インターネットの情報については、URLや画面などが変更されている可能性があります。ご注意ください。

  以上の注意事項をご承諾いただいた上で、本書をご利用願います。これらの注意事項をお読みいただかずに、お問い合わせいただいても、技術評論社は対応しかねます。あらかじめご承知おきください。

■本書に掲載した会社名、プログラム名、システム名などは、米国およびその他の国における登録商標または商標です。本文中では™マーク、®マークは明記しておりません。

第 1 章

PDFとAcrobatの基本

SECTION 001 PDFの基本

対応バージョン　Reader　Standard　Pro

PDFとは

製品カタログや飲食店のメニュー、マニュアルなどでおなじみの「PDF」は、デジタル文書のデファクトスタンダードといえるファイル形式です。ビジネスの現場でもPDFは広く利用されており、PDFの基本をおさえておくことは、現代のビジネスマンにとって必須です。

≫ PDFとは

「PDF」(Portable Document Format)は、Adobeが開発したデジタル文書用のファイル形式です。1990年代に登場したPDFは、かつてはAdobe独自のファイル形式に過ぎませんでしたが、閲覧ソフト「Adobe Acrobat Reader」をAdobeが無料で配布したことで急速に普及しました。2008年にはISOが管理する国際標準規格となり、現在ではデジタル文書のデファクトスタンダードとなっています。

PDFの最大の特徴は、レイアウトの保持力の高さです。パソコンやスマートフォン、タブレットなど、異なるデバイス間でデジタル文書をやりとりすると、レイアウトが崩れたり、文字のフォントが入れ替わったりすることがありますが、PDFならそのような心配はありません。どのような環境でも同じレイアウトでデジタル文書を表示／印刷できます。

PDFに記述されたテキストは、セキュリティなどの理由で「保護」されていないかぎり、テキストとしての選択やコピーが可能です。また、画像や動画、図表、ハイパーリンクの埋め込みや、コメント、注釈、入力フォームの挿入、さらにはしおりや目次といった機能など、デジタル文書を扱ううえで役立つあらゆる要素を備えています。

◀ 閲覧環境が異なっても、文書のレイアウトやフォントなどが保たれる特徴があります。

SECTION 002
Acrobatとは

対応バージョン: Reader / Standard / Pro

Acrobatの基本

本書の主役であるAcrobatは、PDFに関するあらゆる機能を搭載したAdobeの有料ソフトウェアです。Adobeは閲覧用ソフト「Acrobat Reader」を無料で配布していますが、PDFの作成や編集といった作業を行うには、原則としてAcrobatが必要です。

» Acrobatとは

「Adobe Acrobat」(以下Acrobat) は、PDFの閲覧、作成、編集、加工、印刷など、PDFのあらゆる機能が利用できる有料ソフトです。PDFの開発元であるAdobeは「Adobe Acrobat Reader DC」(以下Acrobat Reader) というPDF閲覧ソフトを無料で配布しています。そのため、PDFの閲覧と印刷だけであれば、Acrobatは必要ありません。しかしながら、Acrobat ReaderではPDFの作成や編集、加工に関する機能のほとんどが制限されています。そのため、PDFをフル活用するのであれば、Acrobatが必要です。

◀ Acrobatなら、PDFの作成や編集が自由にできます。

📋 COLUMN

Acrobat以外にもPDF作成ソフトはある

PDF作成ソフトは、AdobeオフィシャルのAcrobat以外にも存在し、その多くはAcrobatと比べると安価です。しかし、とりわけビジネス用途では、こうした互換ソフトの利用はおすすめできません。互換ソフトの中には、個人用途であれば十分な品質を備えているものも存在します。それでも互換ソフトで作成・編集したPDFは、一見Acrobatで作成したPDFと遜色ないように見えても、閲覧環境によってはレイアウトが崩れるようなことがあります。

019

SECTION 003 Acrobatの基本

対応バージョン Reader Standard Pro

Acrobatの種類

最新のAcrobatである「Adobe Acrobat DC」には、「Acrobat Pro DC」や「Acrobat Standard DC」などのバージョンがあります。さらに購入形態も、永続ライセンスの「パッケージ版」と、月単位または年単位で利用できる「サブスクリプション版」があります。

Acrobatの種類

2017年9月現在、最新のAcrobatである「Adobe Acrobat DC」には、大きくわけて3つのバージョンがあります。Acrobatの全機能が利用できる「Adobe Acrobat Pro DC」(以下Acrobat Pro)と、一部の機能が制限されている「Adobe Acrobat Standard DC」(以下Acrobat Standard)、無料のAcrobat Readerです。

いずれのバージョンも、画面構成、利用方法ともにほとんど変わらず、違いは一部の機能が制限されていることだけです(Sec.004参照)。そのかわり、Acrobat StandardはAcrobat Proより価格が抑えられています。

このように機能以外に差がないため、PDFの閲覧や印刷程度ならAcrobat Readerを利用し、PDFの作成や編集が必要ならAcrobat Standardを、「スキャンした文書を編集可能なPDFに変換」「2つの文書を比較して変更箇所を比較表示」といった、より高度な機能が必要ならAcrobat Proを購入することになります。大まかな基準としては、個人の利用用途であればAcrobat ReaderかAcrobat Standardでほぼ問題ないでしょう。一方、企業でより高度なPDFの作成や編集などに利用するのであればAcrobat Proが適しています。

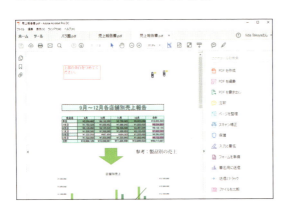

◀ 画面構成や使い勝手など、機能以外はどのバージョンもほぼ変わりません。

パッケージ版とサブスクリプション版の違い

Adobe Acrobat DCには、「パッケージ版」と「サブスクリプション版」の2つの販売形態があります。パッケージ版は永続して使用できるライセンスで、使用期間を気にすることなく利用できます。ただし、パッケージ版のAdobe Acrobat DCのサポート期間が2020年4月8日に終了してしまうため、その後はセキュリティアップデートなどは提供されなくなります。なお、「Adobe Acrobat DC」のパッケージ版の販売は2017年6月に終了し、2017年9月現在は「Adobe Acrobat 2017」が最新のパッケージ版として販売されています。「Adobe Acrobat Pro 2017」（以下Acrobat Pro 2017）と「Adobe Acrobat Standard 2017」（以下Acrobat Standard 2017）という2つのパッケージがあり、それぞれ、Acrobat ProとAcrobat Standardのサブスクリプション版の、Document Cloudやモバイルに関する一部の機能が制限されたものです（Sec.004参照）。Acrobat Pro 2017は62,800円、Acrobat Standard 2017は39,800円（いずれも税別）で購入できます。

一方、サブスクリプション版は月単位、あるいは年単位で購入できるライセンスで、ライセンス期間内のみAcrobatを利用できます。サブスクリプション版は月ごと、あるいは年ごとにライセンス料を支払う必要があるものの、少額から利用可能で、期間内のサポートは保証されています。Acrobat Proは月々プランで月額2,680円、年間プランで月額1,580円であるのに対し、Acrobat Standardは月々プランで月額2,480円、年間プランで月額1,380円（いずれも税別）と割安です。

◀ サブスクリプション版は、「年間プラン」と「月々プラン」から選択できます。

◀ パッケージ版のAdobe Acrobat 2017は店頭だけでなくオンラインでも購入できます。

021

SECTION 004 Acrobatの機能の違い

対応バージョン / Reader / Standard / Pro

AcrobatにはさまざまなバージョンがあることをSec.003で解説しましたが、具体的にはどのような機能の違いがあるのでしょうか。Adobe Acrobat DCの3つのバージョンのほか、Adobe Acrobat 2017についても確認しておきましょう。

Acrobatの機能の違い

Sec.003では、サブスクリプション版のAcrobat Pro、Acrobat Standard、Acrobat Readerと、パッケージ版のAcrobat Pro 2017、Acrobat Standard 2017があることを解説しました。この中でもっとも多機能なバージョンはAcrobat Proで、PDFの編集／作成機能を幅広くカバーしているほか、Document Cloudやモバイルに関する機能が充実しているため、非常に高度な作業が行えます。次に多機能なバージョンはAcrobat Pro 2017で、Document Cloudやモバイルに関する一部の機能が使えないことを除けば、Acrobat Proと同様だと考えてよいでしょう。これに続くAcrobat Standardは、Mac版がないことが大きな違いです。そのほか、「文書への通し番号の追加」や、「PDF内の機密情報の完全な削除」など、高度な機能が使えません。Acrobat Standard 2017も、Document Cloudやモバイルに関する一部の機能が使えないことを除けば、Acrobat Standardと同様といえます。

無料のAcrobat Readerは閲覧や印刷機能がメインですが、注釈ツールによるコメントの追加などに対応しています。PDFにちょとした指示を追加する程度なら、Acrobat Readerでも十分でしょう。

Acrobatの種類ごとの機能の違い

機能	Pro／Pro 2017	Standard／Standard 2017	Reader
あらゆるPDFコンテンツの表示／操作	○	○	○
印刷機能を持つソフトからPDFを作成	○	○	×
Webページや画像からPDFを作成	○	○	×
スキャンした文書から検索可能なPDFを作成	○	○	×
スキャンした文書から編集可能なPDFを作成	○	×	×
PDFのOffice形式／画像形式への書き出し	○	○	×
PDFのオンライン送信／トラック	○	○	○

機能	Pro／Pro 2017	Standard／Standard 2017	Reader
Macへの対応	○	×	○
パスワード保護されたPDFの作成	○	○	×
アクションウィザードによるPDFの自動作成	○	×	×
PDFのテキストや画像の編集	○	○	×
PDFへの音声や動画の追加	○	×	×
PDFの結合	○	○	×
PDFのページの挿入／削除／整理	○	○	×
PDFを最適化してファイルサイズを縮小	○	×	×
PDF内の機密情報の削除	○	×	×
通し番号の追加	○	×	×
ハイライトやノートなどの注釈ツールでPDFにコメントを追加	○	○	○
2つのPDFを比較して変更箇所を表示	○	×	×
フォームの作成	○	○	×

▲ 有料版では基本的な PDF の作成／編集機能は共通していますが、より高度な機能は Acrobat Pro でのみ利用できます。

Document Cloud やモバイルに関する Acrobat の種類ごとの機能の違い

機能	Pro	Standard	Pro 2017／Standard 2017	Reader
20GBのDocument Cloudストレージ	○	○	△※1	△※1
PDFの作成	○	○	×	×
PDFのOffice形式への書き出し	○	○	×	×
PDFの編集	○※2	×	×	×
ページの順序変更／回転／削除	○	×	×	×
PDFの結合	○※3	○※3	×	×
フォームの入力と署名	○	○	○	○
PDFのオンライン送信	○	○	○	○
オンライン送信したPDFのトラック	○	○	×	×
電子署名	○	○	×	×

▲ サブスクリプション版では、PDF を Web ブラウザやスマートフォン／タブレットで利用するための機能が充実しています（第 8 ～ 9 章参照）。これらが不要な場合は、パッケージ版を利用するとよいでしょう

※ 1　Adobe ID を作成して無料の Adobe Document Cloud サービスに登録することで 5GB のストレージが利用可能
※ 2　iPad でのみ可能
※ 3　Document Cloud でのみ可能

SECTION 005 Acrobatの基本

対応バージョン Standard Pro

Acrobatをインストールする

PDFの作成や編集、注釈の追加など、PDFをフル活用するのであれば、有償のAcrobatを導入する必要があります。ここでは、Windows 10でサブスクリプション版のAcrobatをインストールする手順を紹介します。

≫ Acrobatをダウンロードする

❶ Webブラウザで「https://acrobat.adobe.com/jp/ja/acrobat/pricing.html」にアクセスし、

❷ Acrobatの種類と契約プランを選択して、

❸ ＜購入する＞をクリックします。

❹ メールアドレスを入力し、

❺ ＜続行＞をクリックします。

❻ 支払い情報を入力し、

❼ ＜注文する＞をクリックします。以降は画面の指示に従ってAcrobatをダウンロードします。

》 Acrobatをインストールする

1. ダウンロードしたファイルをダブルクリックし、＜はい＞をクリックします。

2. Adobe IDとパスワードを入力し、

3. ＜ログイン＞をクリックします。

MEMO Adobe IDがない場合

Adobe IDが未取得の場合は、＜Adobe IDを取得＞をクリックして取得します。

4. 質問画面が表示されたら各プルダウンメニューで回答を選択し、

5. ＜続行＞→＜インストールを開始＞の順にクリックします。

6. ＜はい＞または＜いいえ＞をクリックします。

📝 COLUMN

AcrobatをデフォルトのPDFアプリケーションにする

AcrobatをデフォルトのPDFアプリケーションにする場合は、手順❻の画面で＜はい＞→＜続行＞の順にクリックします。「既定のプログラムを設定する」画面が表示されたら、「プログラム」でAcrobatを選択して、＜すべての項目に対し、既定のプログラムとして設定する＞をクリックします。以降、PDFファイルをダブルクリックすると、Acrobatが起動してPDFが表示されます。

SECTION 006
Acrobatの基本

対応バージョン　Reader

Acrobat Readerを
インストールする

有料版のAcrobatを持っていない場合、PDFの閲覧や印刷、かんたんな注釈程度の用途であれば、Acrobat Readerをインストールして利用するとよいでしょう。Acrobat Readerの場合は、Acrobat ProやAcrobat Standardとインストール方法が異なります。

≫ Acrobat Readerをダウンロードする

❶ Web ブラウザで「https://get.adobe.com/jp/reader/」にアクセスし、

❷「Acrobat Reader Chrome 拡張機能…」のチェックボックスをクリックしてチェックを外し、

❸「はい、Google Chrome を…」のチェックボックスをクリックしてチェックを外します。

❹ ＜今すぐインストール＞をクリックします。

❺ ＜保存＞をクリックすると、ダウンロードが開始されます。

≫ Acrobat Readerをインストールする

❶ ダウンロードが完了したら、＜実行＞をクリックします。

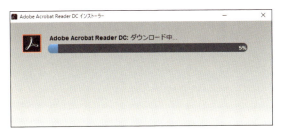

❷ 自動的にインストールが開始されます。

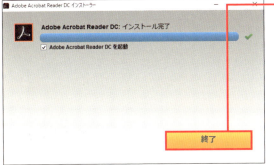

❸ インストールが完了したら、＜終了＞をクリックすると、Acrobat Readerが起動します。

COLUMN

Acrobat Proの体験版をインストールする

Acrobat Proには体験版があり、14日間無料で試用することができます。Webブラウザで「https://acrobat.adobe.com/jp/ja/free-trial-download.html」にアクセスし、＜ダウンロード＞をクリックして、Adobe IDを取得するかログインすると、体験版をダウンロード・インストールできます。

027

SECTION 007 Acrobatの基本画面

対応バージョン　Reader　Standard　Pro

Acrobatを使う前に、まずはAcrobatの基本画面の構成をおさえておきましょう。Acrobatには「ホームビュー」「ツールセンター」「文書ビュー」の3つのビューがあり、それぞれ役割が異なります。PDFの編集や加工は、文書ビューのツールバーや各種パネルで行います。

Acrobatの3つのビュー

ホームビュー

Acrobatを起動すると最初に表示されるビューで、ビューボタンの＜ホーム＞をクリックすることでも表示できます。ホームビューは閲覧／編集したいPDFファイルの選択や、クラウドサービスへのファイルのアップロードに利用します。

	名称	機能
❶	メニューバー	ファイルの保存や表示などに関する機能が利用できます。ツールセンターや文書ビューでも同様です。
❷	ビューボタン	ホームビューとツールセンターを切り替えます。ツールセンターや文書ビューでも同様です。
❸	ファイルリスト	「最近使用したファイル」と「送信済み」のファイルが表示できます。
❹	ストレージ	アクセスできるファイルの保存場所やアカウントが表示されます。
❺	ファイル一覧	ファイルリストやストレージのファイルが一覧表示されます。
❻	詳細パネル	選択したPDFファイルの詳細が表示されます。

028

ツールセンター

ツールを利用するためのビューで、ビューボタンの＜ツール＞をクリックすると表示できます。

	名称	機能
❶	ツール	Acrobatのすべての機能が作業カテゴリごとに分類されており、作業内容を選ぶだけで実行できます。
❷	ツールパネルウィンドウ	ツールのショートカットが一覧表示されます。なお、Acrobat Readerにはありません。

文書ビュー

PDFを表示／編集するためのビューです。ホームビューでPDFファイルをダブルクリックすると、文書ビューに切り替わり、PDFが表示されます。

	名称	機能
❶	タブ	表示するPDFを切り替えることができます。
❷	ツールバー	各機能が利用できます。ツールバーは自由にカスタマイズ可能で、よく使う機能をツールバーに登録しておくと便利です。
❸	ナビゲーションパネル	「しおり」や「ページサムネール」などの機能が利用できます。
❹	文書パネル	PDFが表示されるパネルです。編集もここで行います。
❺	ツールパネルウィンドウ	ツールのショートカットが一覧表示されます。

029

SECTION 008
画面をカスタマイズして使いやすくする

対応バージョン　Reader　Standard　Pro

Acrobatの基本

ホームビューでは、ファイルの中身が見えるサムネール表示に切り替えることができます。また、ツールパネルウィンドウにはツールを自由に登録できます（Acrobat Reader除く）。よく利用するツールをあらかじめツールパネルに登録しておけば、すばやくアクセスできます。

≫ ファイルの表示方法を切り替える

❶ ホームビューで■■をクリックします。

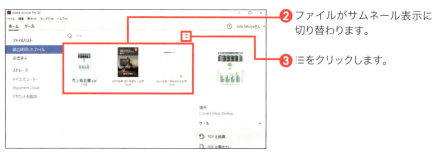

❷ ファイルがサムネール表示に切り替わります。

❸ ≡をクリックします。

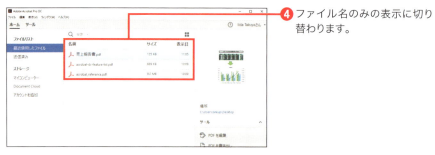

❹ ファイル名のみの表示に切り替わります。

ツールパネルウィンドウをカスタマイズする（Reader以外）

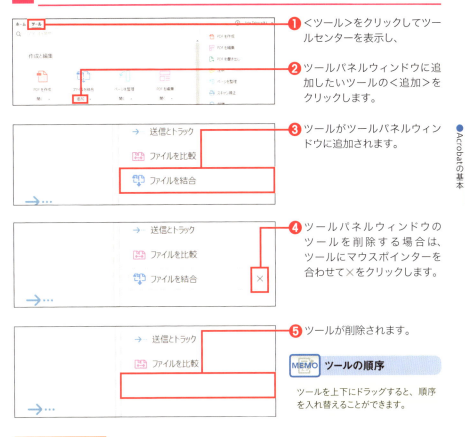

1 ＜ツール＞をクリックしてツールセンターを表示し、

2 ツールパネルウィンドウに追加したいツールの＜追加＞をクリックします。

3 ツールがツールパネルウィンドウに追加されます。

4 ツールパネルウィンドウのツールを削除する場合は、ツールにマウスポインターを合わせて×をクリックします。

5 ツールが削除されます。

MEMO　ツールの順序

ツールを上下にドラッグすると、順序を入れ替えることができます。

📎 COLUMN

ツールパネルウィンドウを非表示にする

ツールパネルウィンドウは、パネルの境界線上の▶◀をクリックすることで、表示／非表示を切り替えることができます。文書ビューのナビゲーションパネルの場合も同様です。なお、ナビゲーションパネルは「しおり」や「ページサムネール」などの各ボタンをクリックすることでも表示／非表示を切り替えられます。

SECTION 009 Acrobatの基本

ツールバーをカスタマイズする

対応バージョン　Reader　Standard　Pro

Acrobatには自由にカスタマイズできるツールパネルウィンドウがありますが、よく利用するツールは画面上部のツールバーに登録しておくほうが便利です。必要なツールを登録し、不要なツールは非表示にして、自分だけのツールバーにカスタマイズしましょう。

≫ ツールバーをカスタマイズする

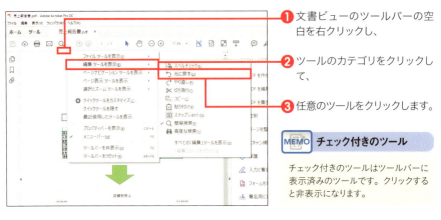

❶ 文書ビューのツールバーの空白を右クリックし、

❷ ツールのカテゴリをクリックして、

❸ 任意のツールをクリックします。

MEMO　チェック付きのツール

チェック付きのツールはツールバーに表示済みのツールです。クリックすると非表示になります。

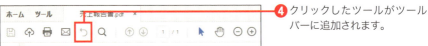

❹ クリックしたツールがツールバーに追加されます。

COLUMN

クイックツールのカスタマイズ

Acrobat ProとAcrobat Standardでは、ツールバーの右端に「クイックツール」と呼ばれる領域があり、ここにはより細かいツールが登録できます。手順❷で＜クイックツールをカスタマイズ＞をクリックし、「追加するツールを選択」で任意のツールを選択して、↑→＜保存＞の順にクリックして追加します。

第 **2** 章

PDFの閲覧

対応バージョン Reader Standard Pro

ページを見開きで表示する

Acrobatでは、PDFの見開き表示が可能です。紙媒体の書籍は通常、紙の両面に印刷されており、読者は左右2ページを一度に表示して読み進めますが、このような表示方法が見開き表示です。見開き表示ならPDFを紙媒体の書籍と同様の感覚で閲覧できます。

ページを見開きで表示する

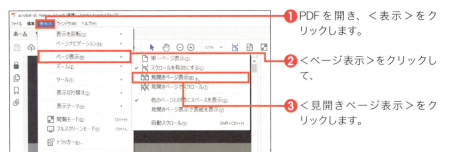

❶ PDFを開き、＜表示＞をクリックします。

❷ ＜ページ表示＞をクリックして、

❸ ＜見開きページ表示＞をクリックします。

❹ PDFが見開きで表示されます。

📝 COLUMN

ページ表示とスクロール

手順❸で＜単一ページ表示＞や＜見開きページ表示＞をクリックすると、PDFは「ページ単位」で表示されます。＜スクロールを有効にする＞と＜見開きページでスクロール＞をクリックすると、PDFはロール紙のように連続したページとして表示されます。

対応バージョン　Reader　Standard　Pro

SECTION 011 表示の基本

表紙の付いたPDFを見開きで表示する

PDFの中には「表紙」が付いたものがありますが、このようなPDFを通常の見開き表示にすると、左右のページが本来の見開きとずれて表示されてしまいます。表紙付きのPDFを見開き表示する場合は、表紙を独立したページとして表示しましょう。

≫ 表紙の付いたPDFを見開きで表示する

❶ PDFの見開きがずれている状態で、＜表示＞をクリックします。

❷ ＜ページ表示＞をクリックして、

❸ ＜見開きページ表示で表紙を表示＞をクリックします。

❹ 見開きが正しく表示されます。

MEMO　表紙の表示

上記の設定を行うと、表紙だけは独立したページとして表示されます。

対応バージョン　Reader　Standard　Pro

SECTION 012 表示の基本
ページ全体が見えるように表示する

閲覧するPDFのページサイズや、Acrobatのウィンドウサイズによっては、開いたPDFが大きすぎたり小さすぎたりして、ページ全体を確認しづらいことがあります。そういった場合は、文書パネルにページ全体がぴったり入るサイズで表示すると便利です。

≫ ページ全体を表示する

❶ <表示>をクリックします。

❷ <ズーム>をクリックして、

❸ <ページレベルにズーム>をクリックします。

❹ 文書ビューのサイズに合わせて、ページ全体が表示されます。

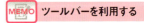

ツールバーを利用する

ツールバーの 🔲 をクリックすることでも、ページ全体を表示できます。

SECTION 013 表示の基本

文書パネルの幅や高さに合わせて表示する

対応バージョン： Reader / Standard / Pro

PDFは縦長のページのものが多いため、ディスプレイの小さいノートパソコンやタブレットなどで閲覧する際には、ページ全体を表示すると文字が小さくなりすぎて読みづらいことがあります。そのような場合は、文書パネルの幅に合わせてPDFを表示するとよいでしょう。

文書パネルの幅に合わせて表示する

❶ <表示>をクリックします。

❷ <ズーム>をクリックして、

❸ <幅に合わせる>をクリックします。

MEMO 高さに合わせる
高さに合わせる場合は、<高さに合わせる>をクリックします。

❹ 文書パネルの幅に合わせてPDFが表示されます。

MEMO ツールバーを利用する
ツールバーの をクリックすることでも、幅に合わせることができます。

037

SECTION 014 表示の基本

対応バージョン　Reader　Standard　Pro

ページを拡大／縮小して表示する

PDFの中には、文字が小さくて読みにくいものがあります。また、ウィンドウサイズが小さい場合も、見にくくなってしまうことがあるでしょう。そのようなときのために、AcrobatではPDFを拡大表示することができます。反対に、縮小表示することも可能です。

≫ ページを拡大／縮小して表示する

❶ ページを拡大するには、⊕をクリックします。

MEMO さらに拡大する

⊕を複数回クリックすると、さらに拡大できます。

❷ ページが拡大して表示されます。

❸ 🖑をクリックし、

❹ ページを任意の方向にドラッグします。

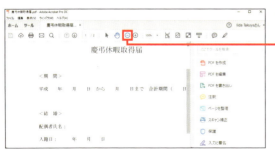

❺ 表示範囲が移動します。

❻ ページを縮小するには、⊖をクリックします。

対応バージョン　Reader　Standard　Pro

SECTION 015
表示の基本
ページを実寸で表示する

PDFの図やイラストは画像を埋め込んだもののため、拡大率によっては滲んだりぼやけたりします。そのような場合には、実寸表示、つまり「100%表示」にしましょう。100%表示であれば、PDF制作者の意図どおりの図やイラストが表示できます。

≫ ページを実寸で表示する

❶ <表示>をクリックします。

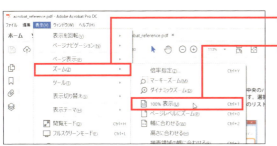

❷ <ズーム>をクリックして、

❸ <100%表示>をクリックします。

❹ PDFが実寸で表示されます。

MEMO　ツールバーを利用する

ツールバーの拡大率の<▼>→<100%表示>の順にクリックしても、実寸表示が可能です。

MEMO　実寸表示の倍率

PDFによっては、実寸表示の倍率が100%以外に設定されているものもあります。

039

SECTION 016 表示の基本

閲覧モードで表示する

対応バージョン　Reader　Standard　Pro

通常の文書ビューは、ツールバーやツールパネルウィンドウなどが表示されたままになっているため、PDFを閲覧しにくい場合があります。そのようなときは、文書パネルが最大化される「閲覧モード」に切り替えて閲覧しましょう。

≫ 閲覧モードで表示する

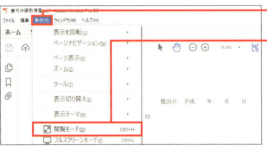

❶ <表示>をクリックし、

❷ <閲覧モード>をクリックします。

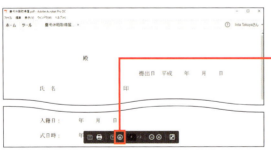

❸ PDFが閲覧モードで表示されます。

❹ 次のページを表示するには、🔽をクリックします。

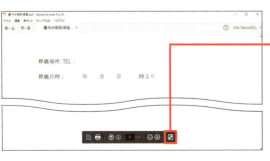

❺ 次のページが表示されます。

❻ 🔲をクリックすると、閲覧モードが終了します。

MEMO　前のページに戻る

🔼をクリックすると、前のページに戻ります。

SECTION 017 表示の基本

フルスクリーンモードで表示する

対応バージョン　Reader　Standard　Pro

閲覧モードでは文書パネルが最大化されますが、ウィンドウの範囲内でしか表示できません。さらに大きくPDFを表示したい場合は、パソコンの画面全体に表示できる「フルスクリーンモード」に切り替えて閲覧しましょう。

≫ フルスクリーンモードで表示する

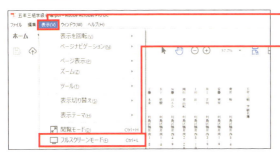

❶ <表示>をクリックし、

❷ <フルスクリーンモード>をクリックします。

❸ PDFがフルスクリーンモードで表示されます。

❹ 次のページを表示するには、PageDownキーを押します。

❺ 次のページが表示されます。

❻ Escキーを押すと、フルスクリーンモードが終了します。

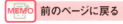

MEMO　前のページに戻る

PageUpキーを押すと、前のページに戻ります。

041

SECTION 018 表示の基本

ページの向きを回転する

対応バージョン　Reader　Standard　Pro

PDFによっては、閲覧時や印刷時に横向きになってしまうものがあります。また、プリンタにセットする用紙の向きによっては、あえて横向きに印刷したい場合もあるでしょう。こういった場合には、PDFの表示や印刷の向きを、一時的、または永続的に回転できます。

≫ ページの向きを一時的に回転する

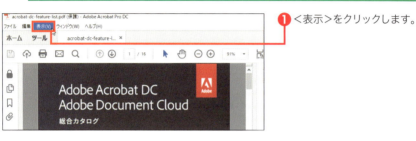

❶ <表示>をクリックします。

❷ <表示を回転>をクリックし、

❸ 回転方向（ここでは<右90°回転>）をクリックします。

❹ PDFが一時的に回転して表示されます。

MEMO　一時的な回転

この方法は、PDFそのものには手を加えることなく、一時的に表示だけを回転させるものです。ファイルを閉じると回転はキャンセルされます。

042

ページの向きを永続的に回転させる（Reader以外）

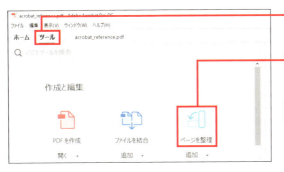

❶ <ツール>をクリックしてツールセンターを表示し、

❷ <ページを整理>をクリックします。

> **MEMO** そのほかの方法
>
> 「ページを整理」の<▼>→<開く>の順にクリックすることもできます。

❸ 「ページを整理」バーが表示され、PDFのページがサムネールで表示されます。

❹ 回転させたいページにマウスポインターを合わせ、 や をクリックすると、回転できます。

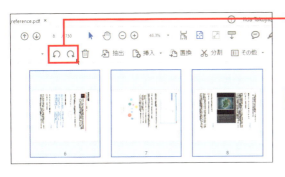

❺ 複数のページを回転させる場合は、回転させたいページを選択し、「ページを整理」バーの や をクリックします。

> **MEMO** 複数ページの選択
>
> Shiftキーや Ctrlキーを押しながらクリックすると、複数のページを選択できます。

COLUMN

PDFへの反映

この方法で回転させたPDFをSec.088の手順で保存すると、編集結果がPDF自体に反映され、以降対象のPDFは常にページが回転した状態で表示されます。また、この編集結果は印刷時にも反映されます。

SECTION 019 閲覧の補助

対応バージョン Reader / Standard / Pro

スクロールせずにページ単位で表示する

PDFのページ送りの基本はスクロールですが、スクロールをせず、ページ単位で表示する方法もあります。ページ単位で表示すると、マウスのホイールなどでのページ送りもページ単位で切り替わるようになり、すばやいページ送りが可能です。

≫ スクロールせずにページ単位で表示する

❶ <表示>をクリックし、

❷ <ページ表示>をクリックし、

❸ <単一ページ表示>（または<見開きページ表示>）をクリックします。

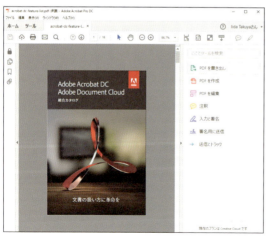

❹ PDFがページ単位で表示されます。

MEMO 見開きページ表示

手順❸で<見開きページ表示>をクリックした場合は、見開き単位、つまり2ページ単位で表示されます。

MEMO マウスホイールの操作

この状態でマウスホイールを前後に回転させると、ページ単位で移動できます。

044

SECTION 020 閲覧の補助

自動スクロールで表示する

対応バージョン　Reader　Standard　Pro

PDFのスクロールは、自動化することが可能です。マウスやキーボードでスクロールさせる必要がないため、ページ送りが楽になります。マウスでクリックしたままにしている間は自動スクロールが一時停止するので、読むのが間に合わなくなることもありません。

≫ 自動スクロールで表示する

❶ <表示>をクリックします。

❷ <ページ表示>をクリックし、

❸ <自動スクロール>をクリックします。

❹ PDFが一定の速度で上方向にスクロールされます。

MEMO 一時停止

文書パネルをクリックしたままにすると、その間は自動スクロールが一時停止します。

MEMO 自動スクロールの解除

再度手順❶～❸を行うと、自動スクロールが解除されます。

045

SECTION 021 閲覧の補助

対応バージョン　Reader　Standard　Pro

任意のページに すばやく移動する

たくさんのページがあるPDFでは、スクロールなどで目的のページを表示するのはかなり面倒な作業です。しかし、目的のページの「ページ番号」がわかっている場合には、ページ番号を直接指定することで、目的のページへ瞬時に移動できます。

≫ 任意のページにすばやく移動する

❶ ツールバーのページ番号入力欄に、表示したいページ番号を入力して Enter キーを押します。

MEMO 総ページ数
ページ番号入力欄には、分母の形でPDFの総ページ数が表示されています。

❷ 入力したページに移動します。

MEMO そのほかの方法
＜表示＞→＜ページナビゲーション＞→＜ページの指定＞の順にクリックして表示できる「ページ指定」ダイアログでも、特定のページへの移動が可能です。

MEMO PDFのページ番号
この方法で移動するページは、PDF自体に記載されているページ番号とは異なります。

046

SECTION 022 閲覧の補助

対応バージョン　Reader　Standard　Pro

ページサムネールから選んで ページを移動する

表示したいページのページ番号がわかっている場合には、直接ページ番号入力欄に入力すればよいですが、表示したいページのページ番号を覚えていることは稀です。そのため、各ページの縮小版を表示できる「ページサムネール」で目的のページを探すと便利です。

ページサムネールから選んだページに移動する

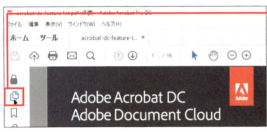

❶ ナビゲーションパネルの 🗐 をクリックします。

❷ ナビゲーションパネルに表示されるページサムネールから、任意のものをクリックします。

❸ クリックしたページが表示されます。

COLUMN

ページサムネールの拡大／縮小

ページサムネールは、ナビゲーションパネルの 🖃・をクリックし、＜サムネール画像を拡大＞や＜サムネール画像を縮小＞をクリックすることで拡大／縮小できます。小さすぎて見づらい場合は、ページサムネールを拡大すると目的のページを探しやすくなります。

047

SECTION 023
閲覧の補助

対応バージョン　Reader　Standard　Pro

最初のページ／最後のページに移動する

ページ数が多いPDFを閲覧している途中で、最初のページや最後のページに移動したい場合、スクロールなどの方法でページを移動するより、瞬時にジャンプするほうが楽です。最初のページや最後のページへのジャンプは、メニューバーからかんたんに実行できます。

≫ 最初のページに移動する

❶ ＜表示＞をクリックし、

❷ ＜ページナビゲーション＞をクリックして、

❸ ＜最初のページ＞（または＜最後のページ＞）をクリックします。

❹ クリックしたページに移動します。

COLUMN

ショートカットキーを利用する

最初のページ／最後のページへの移動は、キーボードでも可能です。Homeキーを押すと最初のページに、Endキーを押すと最後のページに移動できます。

SECTION 024 ページ番号を変更する

閲覧の補助

対応バージョン Standard Pro

一部のページをカットしたり、ほかの文書を挿入したり、複数の文書をひとまとめにしたりしたPDFでは、しばしばページ番号に統一性がない場合があります。このようなPDFは、Acrobatでページ番号を変更したり、付け直したりするようにしましょう。

≫ ページ番号を変更する

❶ ナビゲーションパネルの を クリックします。

❷ をクリックし、

❸ ＜ページラベル＞をクリックします。

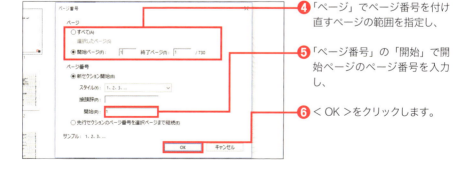

❹ 「ページ」でページ番号を付け直すページの範囲を指定し、

❺ 「ページ番号」の「開始」で開始ページのページ番号を入力し、

❻ ＜OK＞をクリックします。

049

SECTION 025 閲覧の補助

対応バージョン Standard Pro

ページ番号の表記を変更する

一般的なページ番号には「1」「2」「3」といった算用数字が使われますが、Acrobatでは「Ⅰ」「Ⅱ」「Ⅲ」といったローマ数字やアルファベットもページ番号として利用できます。本編以外の目次や索引などにこの種のページ番号を使うと効果的でしょう。

≫ ページ番号の表記を変更する

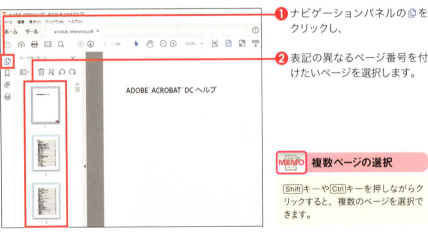

❶ ナビゲーションパネルの アイコン をクリックし、

❷ 表記の異なるページ番号を付けたいページを選択します。

MEMO 複数ページの選択
ShiftキーやCtrlキーを押しながらクリックすると、複数のページを選択できます。

❸ アイコン をクリックし、

❹ <ページラベル>をクリックします。

050

❺「ページ番号」の「スタイル」で、ページ番号に利用する表記を選択し、

❻ < OK >をクリックします。

❼ ページサムネールに表示されるページ番号が、手順❺で選択した表記に変わります。

COLUMN

特殊なページ番号の検索

アルファベットやローマ数字などの特殊なページ番号が振られたPDFを開いている際は、ツールバーのページ番号入力欄では、通常の算用数字と同様にページ検索が可能です。アルファベットやローマ数字などを入力し、Enterキーを押すことで、ページを検索することができます。

051

SECTION 026 セクションを設定する

対応バージョン　Standard　Pro

閲覧の補助

ページ番号には「1」「2」「3」といった数字を割り当てるのが一般的ですが、たとえば1章は「1-1」「1-2」「1-3」、2章は「2-1」「2-2」「2-3」といったように、セクション単位などでページ番号を付加することもできます。この種のページ番号は「接頭辞」として設定します。

セクションを設定する

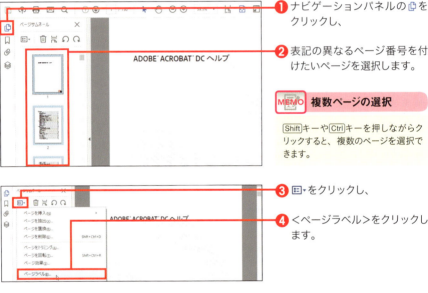

❶ ナビゲーションパネルの 🗐 をクリックし、

❷ 表記の異なるページ番号を付けたいページを選択します。

MEMO 複数ページの選択
Shiftキーや Ctrlキーを押しながらクリックすると、複数のページを選択できます。

❸ 🗐 をクリックし、

❹ <ページラベル>をクリックします。

❺ 「ページ番号」の「接頭辞」で、ページ番号の前に付加するセクション番号などを入力し、

❻ < OK >をクリックします。

MEMO サンプルの確認
「サンプル」で実際のページ番号の表示が確認できます。

052

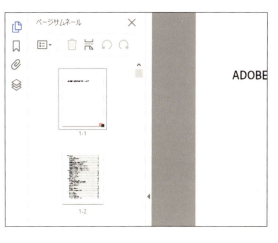

❼ 選択したページのページ番号が変更されます。

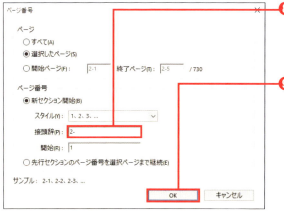

❽ 次のセクションを設定する場合は、P.052 手順❺の画面で、「接頭辞」に次のセクション番号などを入力し、

❾ ＜OK＞をクリックします。

● 閲覧の補助

第2章

COLUMN

接頭辞に設定できる文字列

接頭辞として設定する文字列は、英数字でなくても構いません。たとえば「第1章」といったように、漢字なども含めて設定できます。

053

SECTION 027 テキストをコピーする

閲覧の補助

対応バージョン　Reader　Standard　Pro

PDFがデジタル文書用フォーマットとして優れている理由の1つが、テキストファイルやWebページと同様に、文書内のテキストをコピーできることです。コピーのやり方はいくつかありますが、テキストファイルやWebページと同様に右クリックから行うのが基本です。

≫ テキストをコピーする

❶ ▶をクリックし、

❷ コピーしたいテキストをドラッグして選択します。

❸ 選択したテキストを右クリックし、

❹ ＜コピー＞をクリックします。

MEMO 書式設定の維持

＜書式設定を維持してコピー＞をクリックすると、テキストのフォントやフォントサイズなどの書式設定もあわせてコピーできます。

MEMO コピーできない場合

テキストのコピーが禁止されているPDFでは、「コピー」が表示されません（Sec.126参照）。

❺ Webブラウザなどのテキストを張り付けたい場所で右クリックし、

❻ ＜貼り付け＞をクリックして、張り付けます。

対応バージョン Reader / Standard / Pro

SECTION
028
閲覧の補助

表示ページの
スクリーンショットを撮る

Acrobatには、表示中のPDFの任意の範囲を画像として保存する「スナップショット」という機能があります。スナップショットを利用すれば、かんたんにPDFのスクリーンショットを撮影し、ペイントなどのほかの画像編集ソフトで利用できます。

≫ スクリーンショットを撮る

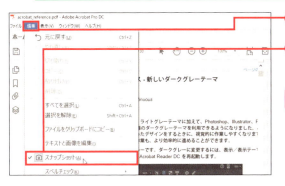

❶ <編集>をクリックし、

❷ <スナップショット>をクリックします。

MEMO 拡大率の設定

スクリーンショットは、現在表示されている拡大率で保存されるため、必要に応じて拡大率を変更しましょう（Sec.012～015参照）。

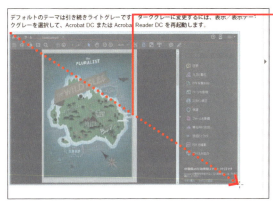

❸ スクリーンショットを撮影したい範囲をドラッグで選択します。

MEMO ページの撮影

ページをクリックすると、ページ全体がコピーされます。

❹ <OK>をクリックするとコピーが完了するので、画像編集ソフトなどでペーストします。

055

SECTION 029 PDF内を検索する

検索と移動

対応バージョン　Reader　Standard　Pro

文書内のテキストの選択やコピーが可能なPDFでは、文字列の検索も可能です。Acrobatには、「簡易検索」と「高度な検索」という2つの検索機能がありますが、まずはシンプルな文字列検索機能である「簡易検索」の使い方を説明します。

≫ PDF内を検索する

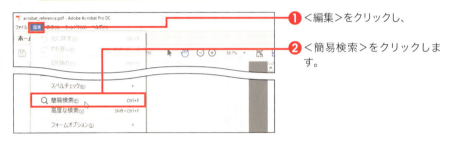

❶ ＜編集＞をクリックし、

❷ ＜簡易検索＞をクリックします。

❸ 検索欄にキーワードを入力し、

❹ ＜次へ＞（または＜前へ＞）をクリックします。

❺ キーワードと合致する文字列があるページに移動し、文字列がハイライト表示されます。

❻ ＜次へ＞（または＜前へ＞）をクリックすると、次の検索結果へジャンプします。

> **MEMO　検索を終了する**
>
> ✕をクリックすると「検索」ボックスが閉じます。

SECTION 030 検索と移動

対応バージョン　Reader　Standard　Pro

PDF内を条件付きで検索する

Acrobatには、より高度な検索機能もあります。「高度な検索」を利用すると、「しおり」や「注釈」を検索対象に含めたり、大文字／小文字を区別したりすることもできます。さらに、表示中のPDFだけでなく、特定のフォルダ内の全PDFファイルからの検索も可能です。

▶ PDF内を条件付きで検索する

❶ <編集>をクリックし、

❷ <高度な検索>をクリックします。

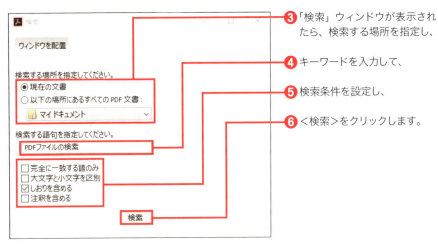

❸ 「検索」ウィンドウが表示されたら、検索する場所を指定し、

❹ キーワードを入力して、

❺ 検索条件を設定し、

❻ <検索>をクリックします。

❼ 検索結果をクリックすると、Acrobatのメインウィンドウで検索に合致した文字列が表示されます。クリックすると、そのページに移動します。

057

対応バージョン　Standard　Pro

SECTION 031 検索と移動

しおりを設定する

PDFには「しおり」を設定できます。しおりとは、ナビゲーションパネルで表示できる目次兼リンクです。とくにページ数の多いPDFで設定しておくと、文書の概要がひと目でわかるようになり、必要な項目にクリック1つでジャンプできるので便利です。

≫ しおりを設定する

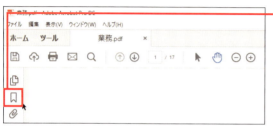

❶ ナビゲーションパネルの 🔖 をクリックします。

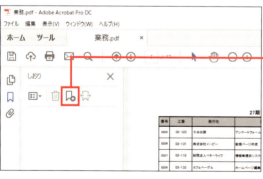

❷ しおりを追加したいページを表示し、

❸ 🔖 をクリックします。

📎 COLUMN

ページを正確に指定する

手順❸をクリックした際に表示されているページが、しおりに設定されます。このとき、ツールバーの 🔖 をクリックすると、PDFがページ単位で表示されるので、正確な指定ができます。

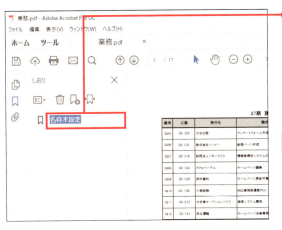

❹ ナビゲーションパネルに、「名称未設定」という名前のしおりが作成されます。

MEMO テキストを名前にする

PDF上でテキストを選択して右クリックし、<しおりを追加>をクリックすると、選択したテキストと同じ名前のしおりが作成できます。

❺ しおりの名前を入力して[Enter]キーを押すと、しおりが追加されます。

MEMO しおりを利用する

しおりを利用する手順は、Sec.032を参照してください。

COLUMN

しおりの名前の変更／削除

作成したしおりを右クリックして、<名前を変更>をクリックすることで、いつでもしおりの名前を変更することができます。また、しおりを右クリックして<削除>をクリックするか、しおりを選択した状態でナビゲーションパネルの🗑をクリックすると、しおりが削除できます。

059

SECTION 032 しおりでページに移動する

対応バージョン Standard Pro

検索と移動

しおりが設定されているPDFでは、しおりをクリックするだけで、設定されているページを表示できます。なお、しおりを利用する場合は、あらかじめSec.031の手順でしおりを追加しておく必要があります。

しおりでページに移動する

❶ ナビゲーションパネルの口をクリックします。

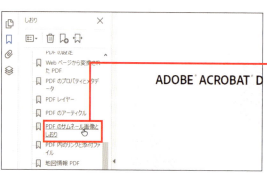

❷ PDFに設定されているしおりが一覧表示されます。

❸ 表示したいページのしおりをクリックします。

❹ しおりに設定されたページが表示されます。

対応バージョン Standard Pro

SECTION 033 しおりを階層構造にする
検索と移動

しおりは階層構造にできます。文書が「章」「節」「項」などで階層構造になっているPDFの場合、しおりもあわせて階層構造にすると便利です。また、離れた場所にある関係性の高いページを「小見出し」の形で追加すれば、閲覧時に参照しやすくなります。

≫ しおりを階層構造にする

❶ Sec.032 手順❷の画面で、下層階層にしたいしおりを、上層階層にしたいしおりまでドラッグします。

MEMO ドラッグの注意点

ドラッグ先に表示される横線が、しおりの左端まで延びていない状態でドロップします。

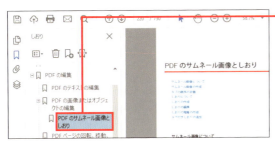

❷ ドラッグしたしおりが下層階層になります。

MEMO PDFへの影響

しおりを階層構造にしても、PDFの内容や文書構造は変更されません。

COLUMN

しおりを移動する

手順❶でしおりをドラッグする際、右のようにしおりの左端まで横線が延びている状態でドロップすると、その位置にしおりを移動できます。

061

SECTION 034 タブを切り替える／閉じる

高度な閲覧

対応バージョン　Reader　Standard　Pro

Acrobatでは、複数のPDFを同時に開くことができ、画面上部のタブをクリックすることで、すばやくPDFを切り替えることが可能です。また、タブからすばやくPDFを閉じることができます。このようにタブを活用すると、マルチタスクをスムーズに行えます。

≫ タブを切り替える／閉じる

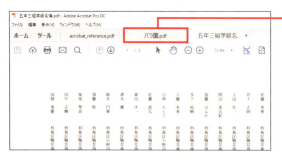

❶ 複数のPDFを開いた状態で、表示したいPDFのタブをクリックします。

❷ タブが切り替わります。

❸ タブを閉じる場合は、タブ上の×をクリックします。

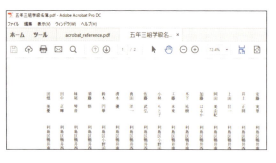

❹ タブが閉じます。

対応バージョン　Reader　Standard　Pro

SECTION 035
タブを分離してウィンドウにする

高度な閲覧

Acrobatは複数のPDFを、1つのウィンドウ内でタブとして表示できますが、複数のPDFを比較しながら編集する際など、それぞれのPDFを別のウィンドウで表示するほうが作業しやすい場合もあります。その場合はタブを分離して別ウィンドウで表示しましょう。

≫ タブを分離してウィンドウにする

❶ 別ウィンドウで表示したいタブを、Acrobatのウィンドウの外にドラッグします。

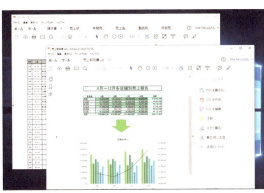

❷ ドラッグしたタブが別のウィンドウで表示されます。

MEMO もとのタブを維持する

別ウィンドウで表示されたPDFのタブは、もとのウィンドウからはなくなります。タブを選択し、＜ウィンドウ＞→＜新規ウィンドウ＞の順にクリックすると、もとのタブを維持したまま別ウィンドウでタブを開けます。

COLUMN

別ウィンドウのタブと統合する

複数のウィンドウを開いている場合、一方のウィンドウのタブを、もう一方のウィンドウのタブにドラッグすると、ドラッグ先のウィンドウにタブを統合することができます。

063

SECTION 036 高度な閲覧

対応バージョン Standard Pro

ページを2分割して表示する

Acrobatでは、1つの文書ビュー内でページを2分割して表示できます。2分割表示は、PDFのある箇所を参照しながら別の箇所を読み進めたり、離れた2箇所を比較したりする場合に便利な機能です。それぞれの表示領域は個別にスクロールや拡大／縮小ができます。

≫ ページを2分割して表示する

❶ <ウィンドウ>をクリックし、

❷ <分割>をクリックします。

❸ PDFが2分割して表示されます。

❹ 表示領域の境界線の を上下にドラッグすると、境界線を動かせます。

MEMO 表示領域の操作

それぞれの表示領域は、独立してスクロールや拡大／縮小が可能です。

❺ <ウィンドウ>をクリックし、

❻ <分割を解除>をクリックすると、分割表示が解除されます。

対応バージョン Standard / Pro

SECTION 037 高度な閲覧
ページを4分割して表示する

Acrobatは、ページを4つに分ける4分割表示機能も備えています。4分割表示は「スプレッドシート分割」とも呼ばれ、その名のとおりExcelなどで作成したスプレッドシートの閲覧に適した表示モードで、列や行の見出しを固定した状態でPDFを表示できます。

≫ ページを4分割して表示する

❶ <ウィンドウ>をクリックし、

❷ <スプレッドシート分割>をクリックします。

❸ PDFが4分割して表示されます。

❹ 表示領域の境界線の を上下左右にドラッグすると、境界線を動かせます。

MEMO 表示領域の操作

スクロールや拡大／縮小などの操作はすべての表示領域で連動します。

❺ 列や行の見出しに境界線を合わせれば、表のスムーズな閲覧が可能です。

MEMO 分割表示の解除

<ウィンドウ>→<分割を解除>の順にクリックすると、分割表示が解除されます。

065

SECTION 038 同じPDFを複数のウィンドウで表示する

高度な閲覧

対応バージョン　Reader　Standard　Pro

PDF内の離れたページを同時に表示できると、両者を比較したり、重要項目を参照しながら他方を読み進めたりできて便利です。Acrobatでは、2分割表示のほか、複数ウィンドウを起動することで、離れたページを同時に表示できます。

複数のウィンドウを起動する

❶ <ウィンドウ>をクリックし、

❷ <新規ウィンドウ>をクリックします。

❸ Acrobatのウィンドウがもう1つ起動し、1つのPDFが2つのウィンドウで同時に表示されます。

MEMO　ファイル名の表示

それぞれのウィンドウ上では、PDFのファイル名の末尾に「:1」「:2」と連番が付いて表示されます。

❹ いずれかのウィンドウで<ウィンドウ>をクリックします。

⑤ <並べて表示>をクリックして、

⑥ <左右に並べて表示>（または<上下に並べて表示>）をクリックします。

⑦ 2つのウィンドウが、画面いっぱいに左右に並んで表示されます。それぞれ別のページを表示できます。

⑧ 手順⑥で<上下に並べて表示>をクリックした場合は、2つのウィンドウが、画面いっぱいに上下に並んで表示されます。

COLUMN

2分割表示を利用する

Sec.036で解説した2分割表示を利用することでも、離れたページを同時に表示することができます。ただし、2分割表示では画面を上下にしか分割することができません。なお、4分割表示（Sec.037参照）では離れたページを同時に表示できないことに注意しましょう。

067

SECTION 039 ページを右綴じにする

対応バージョン Standard / Pro

高度な閲覧

デジタル文書の多くは横書きのため、Acrobatの表示は「左綴じ」が基本になっています。しかし、縦書きの文書など「右綴じ」になる例もあり、このようなPDFをAcrobatで見開き表示する場合には、PDFの設定を右綴じに変更する必要があります。

ページを右綴じにする

❶ Sec.010を参考に、右綴じにしたいPDFを見開き表示にします。

MEMO 初期状態の表示
初期状態では左から右の順にページが表示されています。

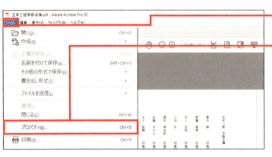

❷ <ファイル>をクリックし、

❸ <プロパティ>をクリックします。

❹ 「文書のプロパティ」画面が表示されたら、<詳細設定>をクリックします。

068

❺「読み上げオプション」の「綴じ方」の<左>をクリックします。

❻<右>をクリックして、

❼< OK >をクリックします。

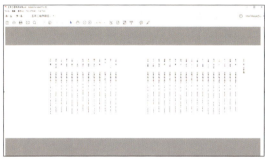

❽ページの見開きが右から左の順で表示されます。

📎 COLUMN

左綴じと右綴じ

「左綴じ」「右綴じ」とは、文書の綴じ方です。表紙から見て左側が綴じられている（右からページを開く）タイプを「左綴じ」、表紙の右側が綴じられている（左からページを開く）タイプを「右綴じ」と呼びます。基本的に文書の綴じ方は、文章が横書きであれば左綴じ、縦書きであれば右綴じになります。横書きの場合には左から右の順で、縦書きの場合は右から左の順で文章を読み進めるからです。

SECTION 040 高度な閲覧

PDFごとに
ページレイアウトを設定する

対応バージョン　Standard　Pro

PDFを開いた際の表示倍率や見開きの有無、ナビゲーションパネルの扱いは、基本的にはAcrobatの設定に左右されます。しかし、PDF自体にそのPDFの表示方法を保存しておくことも可能です。頻繁に利用するPDFは、利用しやすい表示方法を設定しておくと便利です。

» PDFごとにページレイアウトを設定する

❶ ＜ファイル＞をクリックし、

❷ ＜プロパティ＞をクリックします。

❸ 「文書のプロパティ」画面が表示されたら、＜開き方＞をクリックします。

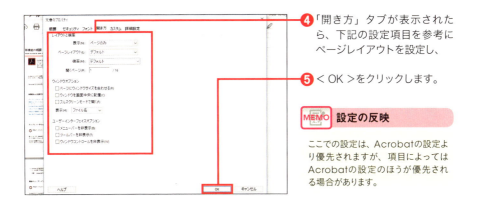

④「開き方」タブが表示されたら、下記の設定項目を参考にページレイアウトを設定し、

⑤ < OK > をクリックします。

MEMO 設定の反映

ここでの設定は、Acrobatの設定より優先されますが、項目によってはAcrobatの設定のほうが優先される場合があります。

≫ 「開き方」タブの設定項目

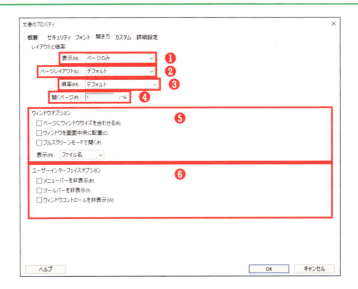

	名称	機能
①	表示	PDFを開いた際に表示するパネルを設定できます。
②	ページレイアウト	「見開きページ」など、PDFの表示方法を設定できます。
③	倍率	「100%表示」など、PDFの表示倍率を設定できます。
④	開くページ	PDFを開いた際に最初に表示するページを設定できます。
⑤	ウィンドウオプション	PDFを開いた際のウィンドウサイズや表示場所を設定できます。
⑥	ユーザーインターフェイスオプション	PDFを開いた際にメニューバーやツールバーなどを非表示に設定できます。

071

SECTION 041 高度な閲覧
前回開いていた状態でPDFを開く

対応バージョン　Reader　Standard　Pro

ページ数の多いPDFを何回かに分けて読む場合や、特定のページだけを頻繁に閲覧する場合、ファイルを開くたびに読みたいページを探すのは面倒です。Acrobatには、前回開いていた設定を復元する機能があるので、有効にしておくと便利です。

前回開いていた状態で再度開く

❶ ＜編集＞をクリックし、

❷ ＜環境設定＞をクリックします。

❸ 「分類」の＜文書＞をクリックし、

❹ 「文書を再び開くときに前回のビュー設定を復元」のチェックボックスをクリックしてチェックを付けます。

❺ ＜OK＞をクリックします。

MEMO 以降の表示

以降、PDFを開いた際に、前回終了時の状態で表示されるようになります。

第 **3** 章

PDFの印刷

SECTION 042 印刷の基本

PDFを印刷する

対応バージョン　Reader　Standard　Pro

パソコンやプリンターによってフォントなどが千差万別のため、多くのデジタル文書は作者の意図どおりにはなかなか印刷できません。しかしPDFは、どのような環境でも、作者の意図どおりに印刷できます。まずは印刷の基本をおさえましょう。

≫ PDFを印刷する

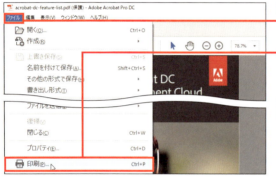

❶ 印刷したいPDFを開き、＜ファイル＞をクリックし、

❷ ＜印刷＞をクリックします。

MEMO　ツールバーから印刷する
ツールバーで🖨をクリックすることでも、「印刷」画面を表示することができます。

❸ 「印刷」画面が表示されます。各項目で印刷に関する設定を行います。

❹ ＜印刷＞をクリックすると、PDFがプリンターで印刷されます。

MEMO　プリンターの選択
「プリンター」で印刷に使うプリンターを選択します。

MEMO　部数の指定
「部数」で印刷する部数を指定します。

対応バージョン： Reader / Standard / Pro

SECTION 043
印刷の基本

用紙のサイズに合わせて印刷する

印刷におけるPDFの利点は、作者の意図どおりに印刷できることだけではありません。PDFは自由に拡大／縮小できるので、用途に合わせてどのような用紙にでも、サイズを合わせて印刷することができます。なお、用紙サイズに関する印刷設定は「印刷」画面で行います。

≫ 用紙のサイズに合わせて印刷する

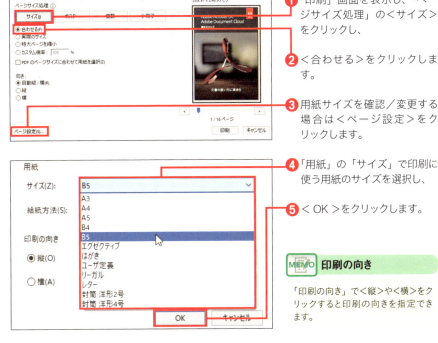

1. 「印刷」画面を表示し、「ページサイズ処理」の＜サイズ＞をクリックし、
2. ＜合わせる＞をクリックします。
3. 用紙サイズを確認／変更する場合は＜ページ設定＞をクリックします。
4. 「用紙」の「サイズ」で印刷に使う用紙のサイズを選択し、
5. ＜OK＞をクリックします。

MEMO 印刷の向き

「印刷の向き」で＜縦＞や＜横＞をクリックすると印刷の向きを指定できます。

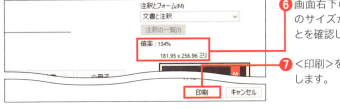

6. 画面右下の「倍率」で、PDFのサイズが自動調整されたことを確認し、
7. ＜印刷＞をクリックして、印刷します。

第3章 印刷の基本

075

SECTION 044 見開きで印刷する

印刷の基本　対応バージョン：Reader / Standard / Pro

PDFは、2ページ単位の見開きを想定して作られたものが少なくありませんが、AcrobatはPDFを見開きで印刷できます。見開き印刷であれば、用紙枚数とインクともに半分で済むため経済的です。また、見開きの左右のページを入れ替えて印刷することもできます。

見開きで印刷する

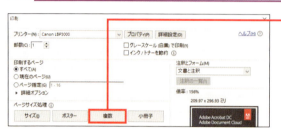

❶「印刷」画面を表示し、「ページサイズ処理」の＜複数＞をクリックします。

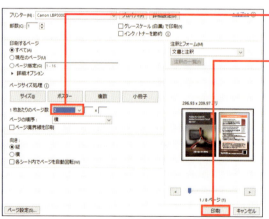

❷「1枚あたりのページ数」で＜2＞を選択し、

❸＜印刷＞をクリックすると、PDFが2ページ単位の見開きで印刷されます。

> **MEMO　向きの変更**
> 「向き」の＜縦＞や＜横＞をクリックすることで、原稿の向きを変更できます。

COLUMN　見開きの左右のページを入れ替える

手順❷の画面の「ページの順序」で、用紙に印刷するページの順序を設定できます。＜縦（右から左）＞や＜横（右から左）＞を選択すると、通常とは左右のページ配置が反対の状態で印刷できます。

SECTION 045 印刷の基本

対応バージョン：Reader / Standard / Pro

書き込まれた注釈も印刷する

PDFに注釈を書き込めるAcrobatの注釈機能（Sec.133参照）は、PDFのチェックや校正に非常に便利な機能です。Acrobatの印刷機能は、ページだけでなく注釈の印刷にも対応しており、多数の注釈が加えられたPDFに便利な「注釈の一覧表」も印刷可能です。

≫ PDFに書き込まれた注釈も印刷する

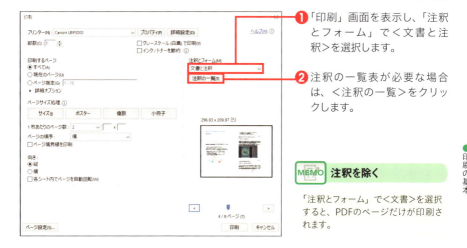

❶「印刷」画面を表示し、「注釈とフォーム」で＜文書と注釈＞を選択します。

❷ 注釈の一覧表が必要な場合は、＜注釈の一覧＞をクリックします。

MEMO 注釈を除く

「注釈とフォーム」で＜文書＞を選択すると、PDFのページだけが印刷されます。

❸ ＜はい＞をクリックします。

❹ ＜印刷＞をクリックすると、印刷されます。

SECTION 046 印刷の基本

ページを複数の用紙に分けて印刷する

対応バージョン: Reader / Standard / Pro

ポスターや大きな画像からなるPDFなどは、1ページが1枚の用紙に収まりきらない場合があります。また、あえて拡大して複数の用紙で印刷したい場合もあるでしょう。こういった場合のために、各ページを複数の用紙に分けて印刷するポスター機能があります。

ページを複数の用紙に分けて印刷する

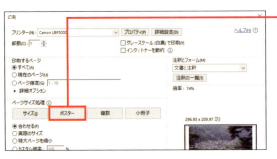

❶ 「印刷」画面を表示し、「ページサイズ処理」の<ポスター>をクリックします。

❷ 「倍率」に印刷したい倍率を入力します。

MEMO 印刷プレビューの参照

画面右下の印刷プレビューには複数の用紙が破線で示されます。参照しながら倍率を調整すると、スムーズです。

COLUMN

縮小印刷する

大きなページを縮小して1枚の用紙に収めたい場合は、手順❶の画面で「ページサイズ処理」の<カスタム倍率>をクリックし、倍率を入力することで、縮小印刷が可能です。

078

❸ 印刷後に各用紙を組み合わせやすくするための重複印刷部分の数値を、「重なり」に入力します。

MEMO 重なりの注意点

「重なり」には、使用するプリンターの印刷余白以上の値を設定する必要があります。

❹ <印刷>をクリックすると、印刷されます。

MEMO 印刷プレビューの拡大

画面右下の印刷プレビューの各部分をクリックすると、拡大することができます。再度クリックすると、もとに戻ります。

 COLUMN

ポスターの「ページサイズ処理」の設定

ポスターの「ページサイズ処理」には、ほかに3つの設定項目があります。

・タイルマーク
　印刷後に複数の用紙を切り貼りして組み合わせる際に、切り貼りの目安となる「タイルマーク」を印刷します。

・ラベル
　用紙にPDFの名称や、組み合わせた際の位置（行・列）を印刷します。

・大きいページのみを分割
　ポスターと通常のページが混在するようなPDFでは、大きいページのみ複数の用紙に印刷し、通常のページは通常印刷します。

079

SECTION 047 印刷の基本

複数のページを1枚の用紙で印刷する

対応バージョン: Reader / Standard / Pro

ポスター印刷とは反対に、複数のページを1枚の用紙に印刷することも可能です。複数のページを1枚の用紙に印刷すれば用紙やインクが節約できますし、写真やイラスト、あるいはPowerPointのスライドのようなPDFは、情報を集約することで全体像が見やすくなります。

▶ 複数のページを1枚の用紙で印刷する

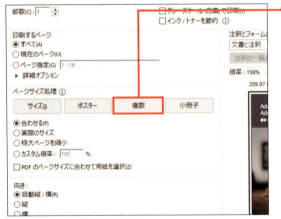

❶「印刷」画面を表示し、「ページサイズ処理」の<複数>をクリックします。

❷「1枚あたりのページ数」で、1枚の用紙に印刷するページ数を選択します。

❸ <印刷>をクリックすると、印刷されます。

MEMO ページの順序

あらかじめ「ページの順序」で、必要に応じてページの順序を入れ替えましょう（Sec.044 COLUMN参照）。

1枚あたりのページ数を指定して印刷する

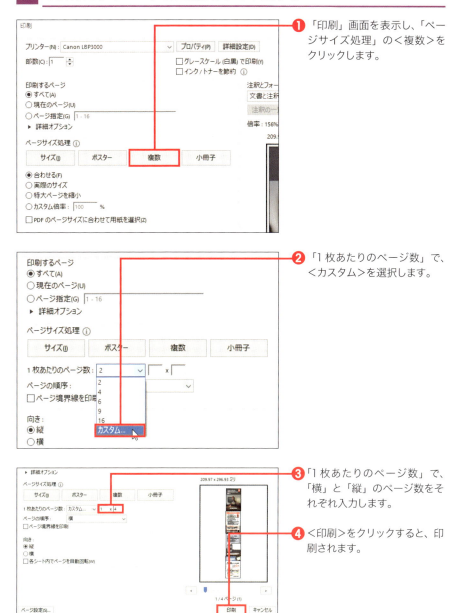

❶ 「印刷」画面を表示し、「ページサイズ処理」の＜複数＞をクリックします。

❷ 「1枚あたりのページ数」で、＜カスタム＞を選択します。

❸ 「1枚あたりのページ数」で、「横」と「縦」のページ数をそれぞれ入力します。

❹ ＜印刷＞をクリックすると、印刷されます。

SECTION 048 高度な印刷

両面に印刷する

対応バージョン　Reader　Standard　Pro

Acrobatは、用紙の表と裏に同時に印刷する両面印刷機能があります。用紙が半分に節約でき、ページを縮小する必要もない両面印刷は、とくにページ数の多いPDFの印刷に最適です。なお、両面印刷を行うには、両面印刷機能に対応したプリンターが必要です。

≫ 両面に印刷する

❶「印刷」画面を表示し、「用紙の両面に印刷」のチェックボックスをクリックしてチェックを付け、

❷ ＜長辺を綴じる＞か＜短辺を綴じる＞をクリックします。

MEMO 辺の綴じ

＜長辺を綴じる＞をクリックすると長辺を綴じる形に、＜短辺を綴じる＞をクリックすると短辺を綴じる形になります。

❸ ＜印刷＞をクリックすると、印刷されます。

COLUMN

「用紙の両面に印刷」が表示されない場合

「プリンター」で両面印刷対応プリンターを選択しているにもかかわらず、「用紙の両面に印刷」が表示されない場合は、「プリンター」の＜プロパティ＞をクリックし、プリンターの設定画面を確認してください。使用するプリンターによって設定画面は異なりますが、両面印刷に関する設定項目があるはずです。プリンターの説明書を参照して、両面印刷の設定を行いましょう。

SECTION 049 高度な印刷

対応バージョン　Reader　Standard　Pro

グレースケールで印刷する

PDFの中には、たとえば学術論文のように文字だけのものがあります。また、個人的な資料として印刷する場合には、色が不要な場合もあるでしょう。こういった場合は、カラーインクを使わず、文字が読みやすいグレースケール（白黒）で印刷しましょう。

» グレースケールで印刷する

❶「印刷」画面を表示し、「グレースケール（白黒）で印刷」のチェックボックスをクリックして、チェックを付けます。

MEMO　インクの節約

「インク／トナーを節約」にもチェックを付けると、インクやトナーが節約できて経済的です。ただし、印刷の色が全体的に薄くなります。

❷ 印刷プレビューがグレースケールになります。

❸ ＜印刷＞をクリックすると、印刷されます。

SECTION 050 高度な印刷

対応バージョン: Reader / Standard / Pro

複数のPDFをまとめて印刷する

複数のPDFを印刷しなければならない場合、PDFを1つずつ開いて印刷することも可能ですが、少々面倒です。AcrobatそのものにはPDFを連続印刷する機能はありませんが、Windowsの印刷機能を利用すれば、複数のPDFをまとめて印刷できます。

≫ 複数のPDFをまとめて印刷する

❶ Windowsのエクスプローラーで、印刷したいPDFが保存されているフォルダを表示します。

❷ 一括印刷したい複数のPDFを選択します。

MEMO 複数ファイルの選択

[Shift]キーや[Ctrl]キーを押しながらクリックすると、複数のファイルを選択できます。

🗒 COLUMN

AcrobatをPDFの既定のアプリにする

上記の手順を実行するには、AcrobatがPDFの既定のアプリである必要があります。AcrobatをPDFの既定のアプリにするには、Windowsの画面左下の⊞→⚙の順にクリックして「設定」画面を表示し、＜システム＞→＜既定のアプリ＞→＜ファイルの種類ごとに既定のアプリを選ぶ＞の順にクリックします。「.pdf」に設定されているアプリをクリックし、Acrobatをクリックして設定します。

❸ 選択したファイルを右クリックし、

❹ ＜印刷＞をクリックします。

❺ プリンターの印刷画面が表示され、印刷が一括して開始されます。

MEMO 印刷画面の表示

プリンターによっては、印刷画面が表示されずに印刷が開始されるものもあります。

MEMO 使用されるプリンター

印刷に使用されるのは、Windowsで既定となっているプリンターです。使用するプリンターを変更、または確認したい場合は、下記COLUMNを参照してください。

● 高度な印刷
第3章

COLUMN

Windowsの既定のプリンターを設定する

Windowsの既定のプリンターは、「設定」画面から変更します。Windowsの画面左下の ■→ ⚙ の順にクリックして「設定」画面を表示し、＜デバイス＞→＜プリンターとスキャナー＞の順にクリックします。PDFの一括印刷に使用するプリンターをクリックし、＜管理＞→＜既定に設定＞の順にクリックすると、対象のプリンターが既定のプリンターとなります。

085

SECTION 051 小冊子にして印刷する

高度な印刷

対応バージョン Reader / Standard / Pro

「小冊子」とはページ数が少ない書物のことを指しますが、Acrobatでは「重ねて2つ折りにすると、そのまま本として読めるもの」を意味しています。Acrobatは、見開き印刷、両面印刷、そしてページの並べ替えを併用し、PDFを小冊子として印刷できます。

≫ 小冊子にして印刷する

❶「印刷」画面を表示し、「ページサイズ処理」の＜小冊子＞をクリックします。

❷「小冊子の印刷方法」で＜両面で印刷＞を選択し、

❸「開始ページ」と「終了ページ」を入力して、

❹ 表紙から見て用紙を折り曲げる方向を「綴じ方」で選択します。

❺＜印刷＞をクリックすると、印刷されます。

📎 COLUMN

両面印刷できない場合

両面印刷機能がないプリンターの場合、まず手順❷で＜片面で印刷（表側）＞を選択して印刷し、印刷済みの用紙を裏返してプリンターに再度セットします。次に、再度手順❷で＜片面で印刷（裏側）＞を選択して印刷を行うことで、小冊子の印刷が可能です。

SECTION
052 ページ範囲を指定して印刷する
高度な印刷

対応バージョン　Reader　Standard　Pro

PDFのページのうち、印刷したいページが一部だけの場合、範囲を指定して必要なページだけを印刷できます。印刷したいページ範囲の指定方法はいくつかありますが、ここでは、連続したページの範囲を指定して印刷する方法を説明します。

≫ ページ範囲を指定して印刷する

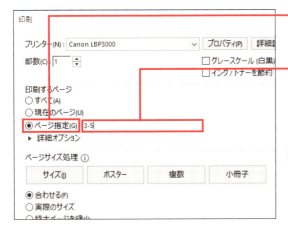

❶「印刷」画面を表示し、「印刷するページ」の＜ページ指定＞をクリックします。

❷印刷したいページの範囲を「-」（ハイフン）を使って入力します。

MEMO 範囲の入力方法
たとえば「3ページから5ページ」を印刷したい場合は「3-5」と入力します。

❸＜印刷＞をクリックすると、印刷されます。

📎 COLUMN

特定のページより前または後を指定する

特定のページより前、または後をすべて印刷したい場合も、手順❷で「-」（ハイフン）を使って範囲指定します。たとえば「3ページ目まですべて」を指定する場合は「-3」、「3ページ目以降すべて」を指定する場合は「3-」と入力します。

087

対応バージョン | Reader | Standard | Pro

SECTION 053 ページを飛び飛びに印刷する

高度な印刷

印刷したいページが連続しておらず飛び飛びである場合や、連続したページと飛び飛びのページが両方ある場合にも、数字と記号を使って印刷範囲を指定可能です。また、印刷範囲の指定はナビゲーションパネルのページサムネールからも行えます。

≫ ページを飛び飛びに印刷する

❶ 「印刷」画面を表示し、「印刷するページ」の<ページ指定>をクリックします。

❷ 印刷したいページの範囲を「,」（コンマ）を使って入力します。

MEMO 範囲の入力方法
たとえば「3、5、8ページ」を印刷したい場合は「3,5,8」と入力します。

❸ <印刷>をクリックすると、印刷されます。

COLUMN

飛び飛びのページと連続したページを同時に指定する

印刷したいページに、飛び飛びのページと連続したページが両方ある場合も、「,」（コンマ）と「-」（ハイフン）を組み合わせることで自由に指定できます。たとえば「3ページ」「5～8ページ」「14ページ以降すべて」を印刷したい場合、手順❷で「3,5-8,14-」と入力します。

088

≫ ページサムネールで印刷範囲を選択する

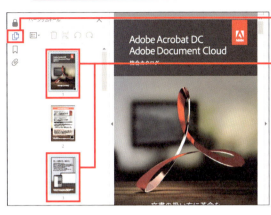

① 印刷したい PDF を表示し、🗐 をクリックします。

② 印刷したいページをすべて選択します。

> **MEMO 複数ファイルの選択**
>
> Shift キーや Ctrl キーを押しながらクリックすると、複数のページを選択できます。

③ 選択したページを右クリックし、

④ <ページを印刷>をクリックします。

⑤ 選択したページが入力された状態で「印刷」画面が表示されます。

⑥ <印刷>をクリックすると、印刷されます。

●高度な印刷

第3章

089

SECTION 054 高度な印刷

偶数ページ／奇数ページのみ印刷する

対応バージョン／Reader／Standard／Pro

Acrobatは、PDFの偶数ページや奇数ページだけを印刷できます。これは両面印刷非対応のプリンターで両面印刷を実現するための機能です。まず奇数ページだけ印刷して用紙を裏返し、次に偶数ページだけ印刷を行うことで、非対応プリンターでも両面印刷が可能になります。

》偶数ページ／奇数ページのみ印刷する

❶「印刷」画面を表示し、「印刷するページ」の＜詳細オプション＞をクリックします。

❷「詳細オプション」の「偶数または奇数ページ」で、＜奇数ページのみ＞か＜偶数ページのみ＞を選択します。

MEMO 印刷ページの選択

＜奇数ページのみ＞を選択すると奇数ページだけが印刷され、＜偶数ページのみ＞を選択すると偶数ページだけが印刷されます。

❸ 通常とは反対に末尾のページから印刷したい場合は、「逆順に印刷」のチェックボックスをクリックして、チェックを付けます。

> **MEMO 逆順に印刷**
> プリンターの排紙方法に応じて使い分けると、印刷後に用紙を並べ替える必要がなくなるので便利です。

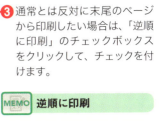

❹ <印刷>をクリックすると、印刷されます。

> **MEMO 両面印刷する**
> 印刷した用紙を裏返してプリンターに再セットし、もう片方のページの印刷を行うことで、両面印刷非対応のプリンターでも両面印刷が可能になります。

●高度な印刷 第3章

📎 COLUMN

ページ指定と組み合わせる

P.087～088を参考に「ページ指定」と「偶数または奇数ページ」を組み合わせると、より柔軟な印刷範囲の指定が可能です。たとえば、「ページ指定」で「3-8」、つまり「3ページから8ページ」と印刷範囲を指定した場合、「奇数ページのみ」を指定すると「3」「5」「7」ページだけが印刷されます。

SECTION 055 ページの一部分を印刷する

高度な印刷

対応バージョン　Reader　Standard　Pro

これまでPDFをページ単位で印刷する方法を紹介してきましたが、AcrobatではPDFのページ内の一部分を範囲指定して印刷することも可能です。必要な図表や文章など、ページ内の任意の範囲を指定することで、用紙やインクを節約できます。

≫ ページの一部分を印刷する

❶ 印刷範囲を指定したいページを表示し、<編集>をクリックして、

❷ <スナップショット>をクリックします。

❸ 印刷したい範囲をドラッグして右クリックし、

❹ <印刷>をクリックします。

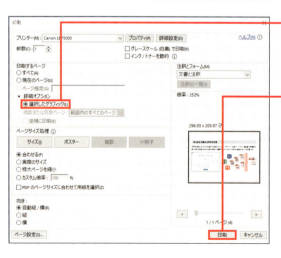

❺ 「詳細オプション」の「選択したグラフィック」が選択されている状態で「印刷」画面が表示されます。

❻ <印刷>をクリックすると、印刷されます。

MEMO　サイズの調整

「ページサイズ処理」の各項目を設定すると、任意のサイズで指定範囲を印刷できます。

SECTION 056 高度な印刷

ページに余白を付けて印刷する

対応バージョン　Reader　Standard　Pro

印刷後にファイルやバインダーに綴じたり、2穴パンチを使ったりするような場合には、通常の印刷では余白が足りなくなってしまうことがあります。こういった場合は、印刷時の倍率を小さくし、ページに余白を持たせて印刷する必要があります。

❯❯ ページに余白を付けて印刷する

❶ 「印刷」画面を表示し、「ページサイズ処理」の<カスタム倍率>をクリックし、

❷ 余白が付く程度の倍率を入力します。

❸ 印刷プレビューをクリックして余白を確認します。

❹ <印刷>をクリックすると、印刷されます。

📄 COLUMN

PDFの位置を左上に寄せる

手順❸の画面で「向き」の<縦>や<横>をクリックすると、PDFを左上に寄せて印刷することができます。

093

SECTION 057 トンボを付けて印刷する

高度な印刷

対応バージョン　Standard　Pro

Acrobatは、PDFに「トンボ」を付けて印刷できます。トンボとは、印刷物を作成する際に「裁断ラインのガイド」や「版ズレ防止」のために使うマークのことです。一般にはあまりなじみがないかもしれませんが、正式な印刷物を作成する際には必要になります。

≫ トンボを付けて印刷する

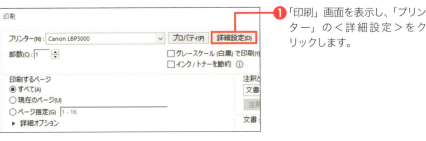

❶「印刷」画面を表示し、「プリンター」の＜詳細設定＞をクリックします。

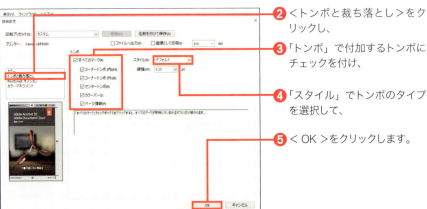

❷＜トンボと裁ち落とし＞をクリックし、

❸「トンボ」で付加するトンボにチェックを付け、

❹「スタイル」でトンボのタイプを選択して、

❺＜OK＞をクリックします。

❻＜印刷＞をクリックすると、トンボ付きで印刷されます。

第4章

PDFの編集／管理

対応バージョン Standard Pro

SECTION 058 編集の概要
PDFの編集機能

PDFは、「編集できない」「編集しづらい」と誤解されがちですが、Acrobat StandardやAcrobat ProではPDFを直接編集できます。ページの削除や挿入などの編集、テキストや画像の修正など、編集機能は非常に豊富で、Officeにも引けを取りません。

PDFの編集機能について

文書・ページ単位の編集機能

PDFは、紙媒体の書籍をそのままデジタル化することを目的とした文書用フォーマットです。そのため、文書単位、あるいはページ単位の編集機能は、むしろOfficeを凌ぎます。たとえばページ単位の編集ですが、Acrobatを使えばページ単位の削除や並べ替え、挿入、抽出、分割、置換など、あらゆることが可能です。さらに、複数のPDFを1つにまとめたり、反対に1つのPDFを一定のサイズで複数に分割したりする処理も非常に得意としています。

◀ ページ単位の削除や挿入などがかんたんに行えます。

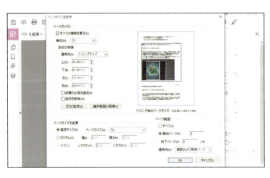

◀ ページの一部だけをトリミングすることもできます。

096

> テキストや画像の編集機能

PDFは、テキストのコピーや貼り付け、削除といった基本機能はもちろん、フォントや文字サイズ、文字色の編集もOfficeと同レベルで行えます。箇条書きやリスト、ヘッダーやフッター、オブジェクトの整列といった、ビジネス文書に不可欠な機能にもしっかりと対応しています。

また、PDFには音声や動画を挿入することができ、特定のページを表示した際に音楽を流すといったアクションの設定も可能です。インターネットとの親和性も高く、URLのリンクや添付ファイルもかんたんに追加できます。

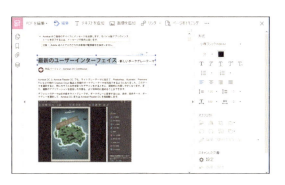

◀ フォントや文字色の変更など、テキストの編集も自由に行えます。

> 豊富な出力機能とクラウドとの連携

Acrobatには豊富な出力機能が備わっており、WordやExcel、PowerPointといったOfficeのファイル形式での書き出しが可能です。また、テキストファイルや画像ファイルなど、さまざまなフォーマットで出力できます。

さらに、最新バージョンであるAdobe Acrobat DCの最大の利点として、クラウドサービスとの連携が挙げられます。Adobe Acrobat DCの「DC」はAdobeのクラウドサービス「Document Cloud」の略で、Document Cloudとの連携により、場所や環境に左右されることなくPDFを自在に扱えます。また、AcrobatはDropboxやOneDriveといった主要なクラウドサービスにも対応しており、とくにチームでの共同作業には無類の強さを発揮します。

◀ DropboxやOneDriveなどでもPDFを自由に管理できます。

SECTION 059 ページの編集

対応バージョン　Standard　Pro

ページを削除する

Acrobatでは、PDFから特定のページだけを削除可能です。不要なページを削除すれば、目的のページを探しやすくなりますし、PDFのファイルサイズも小さくできます。なお、ページを削除すると、そのページのテキストや画像はもちろん、注釈なども削除されます。

≫ ページを削除する

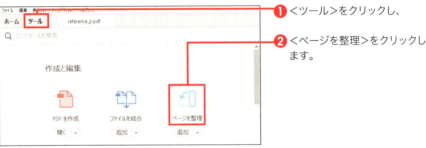

❶ <ツール>をクリックし、

❷ <ページを整理>をクリックします。

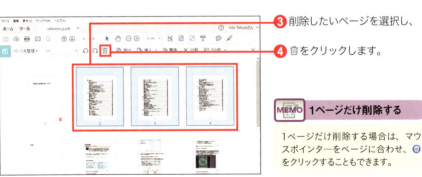

❸ 削除したいページを選択し、

❹ 🗑 をクリックします。

MEMO　1ページだけ削除する

1ページだけ削除する場合は、マウスポインターをページに合わせ、🗑 をクリックすることもできます。

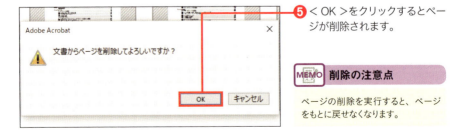

❺ < OK >をクリックするとページが削除されます。

MEMO　削除の注意点

ページの削除を実行すると、ページをもとに戻せなくなります。

SECTION 060 ページの編集

ページの順序を入れ替える

対応バージョン Standard Pro

Acrobatでは、PDFのページの順序を入れ替えることができます。ページの入れ替えは、通常のテキスト中心の文書ではあまり出番がないかもしれませんが、PDFでプレゼンテーション用のスライドを作ったりする際には、非常に重宝する編集機能です。

≫ ページの順序を入れ替える

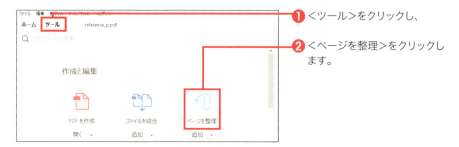

❶ <ツール>をクリックし、

❷ <ページを整理>をクリックします。

❸ ページを移動先までドラッグすると、ページが移動します。

MEMO 複数ページの移動

Shiftキーや Ctrl キーを押しながらクリックすることで、複数のページを選択・移動できます。

COLUMN

ページをコピーして挿入する

手順❸の画面で Ctrl キーを押しながらページをドラッグすると、ページをコピーして挿入することができます。この場合も、複数のページを選択すれば、まとめてコピーすることができます。

対応バージョン Standard Pro

SECTION 061
ページの編集

ページを追加する

Acrobatでは、PDFへのページの追加も可能です。PDF作成後に図表や説明、抜け落ちてしまったページを追加したり、あるいはほかのPDFなどから一部のページを流用したりと、さまざまな局面で役立ちます。ページのコピーは、ページサムネールパネルで行います。

≫ ほかのPDFからページを追加する

❶ 追加したいページがあるPDFと、追加先のPDFを開いた状態で、＜ウィンドウ＞をクリックし、

❷ ＜並べて表示＞をクリックして、

❸ ＜左右に並べて表示＞をクリックします。

❹ 双方のウィンドウで をクリックしてページサムネールパネルを表示し、

❺ 追加したいPDFのページを追加先のページサムネールパネルまでドラッグします。

❻ ドラッグ先にページが追加されます。

MEMO もとのページは残る

もとのPDFのページは、削除されずにそのまま残ります。

SECTION 062 ページを抽出する

ページの編集

対応バージョン　Standard　Pro

Acrobatでは、すでに作成したPDFから任意のページを抽出できます。抽出したページは、別のPDFファイルに流用したり、新規PDFファイルとして保存したりできます。なお、抽出したページには、もとのPDFのテキストや画像だけでなく、注釈やリンクも含まれます。

≫ ページを抽出する

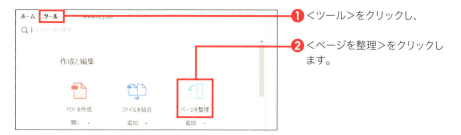

1. ＜ツール＞をクリックし、
2. ＜ページを整理＞をクリックします。

3. ＜抽出＞をクリックし、
4. 抽出するページを選択して、
5. ＜抽出＞をクリックすると、新規タブとしてページが抽出されます。

COLUMN

抽出のオプション

手順 5 で、「抽出後にページを削除」にチェックを付けて＜抽出＞をクリックすると、抽出したページがもとのPDFから削除されます。「ページを個別のファイルとして抽出」にチェックを付けて＜抽出＞をクリックすると、抽出ページをそれぞれ新規のPDFファイルとして保存できます。

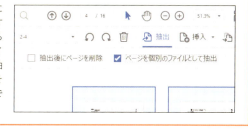

101

SECTION 063 ページを分割する

対応バージョン: Standard / Pro

ページの編集

Acrobatでは、PDFを複数のPDFファイルに分割できます。ページ数の多いPDFのうち一部だけが必要な場合などに活用しましょう。さまざまな方法でPDFを分割することができますが、ここではページ数で分割する方法を紹介します。

≫ ページを分割する

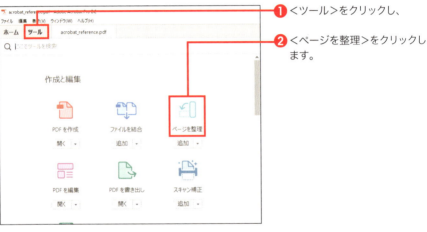

❶ <ツール>をクリックし、

❷ <ページを整理>をクリックします。

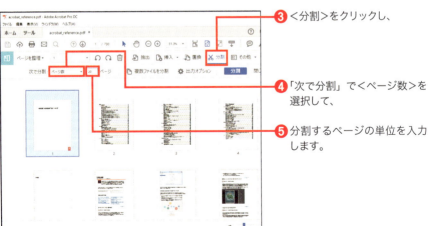

❸ <分割>をクリックし、

❹ 「次で分割」で<ページ数>を選択して、

❺ 分割するページの単位を入力します。

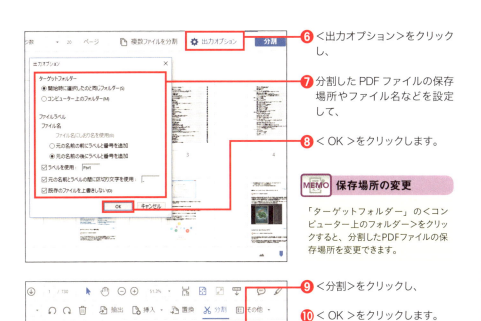

❻ <出力オプション>をクリックし、

❼ 分割したPDFファイルの保存場所やファイル名などを設定して、

❽ < OK >をクリックします。

> **MEMO 保存場所の変更**
>
> 「ターゲットフォルダー」の<コンピューター上のフォルダー>をクリックすると、分割したPDFファイルの保存場所を変更できます。

❾ <分割>をクリックし、

❿ < OK >をクリックします。

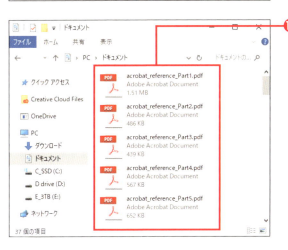

⓫ 指定した保存場所に、指定したファイル名でPDFファイルが分割保存されているのを確認します。

103

SECTION 064 ページの編集

一定のファイルサイズごとにページを分割する

対応バージョン　Standard　Pro

PDFは優れたデジタル文書用フォーマットですが、ファイルサイズが大きくなりがちです。とくに、ページ数の多いPDFをメールでやりとりする場合には、まとめて送信すると受信側もたいへんなため、一定のファイルサイズごとに分割したうえで扱うほうがスマートです。

≫ 一定のファイルサイズごとにページを分割する

❶ <ツール>をクリックし、

❷ <ページを整理>をクリックします。

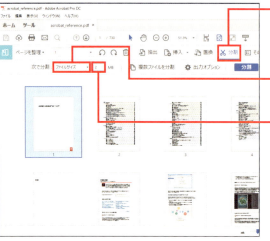

❸ <分割>をクリックし、

❹ 「次で分割」で<ファイルサイズ>を選択して、

❺ 分割の基準となるファイルサイズを入力します。

MEMO 出力オプション
必要があれば<出力オプション>をクリックして設定します（Sec.063手順❻～❽参照）。

❻ <分割>をクリックし、

❼ <OK>をクリックすると、PDFが分割保存されます。

SECTION 065 セクションごとにページを分割する

ページの編集 　対応バージョン　Standard　Pro

Acrobatを使えば、しおりを基にしてPDFを分割できます。ページ数の多いPDFは目的のページを探し出しにくいため、セクション単位で分割して利用するのが便利です。Sec.031を参考に、あらかじめ各セクションにしおりを設定したうえで手順を進めてください。

セクションごとにページを分割する

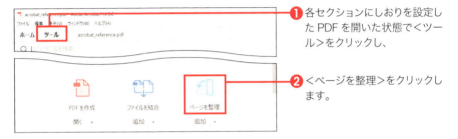

❶ 各セクションにしおりを設定したPDFを開いた状態で<ツール>をクリックし、

❷ <ページを整理>をクリックします。

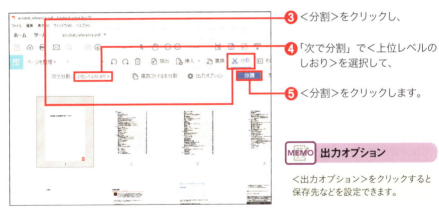

❸ <分割>をクリックし、

❹ 「次で分割」で<上位レベルのしおり>を選択して、

❺ <分割>をクリックします。

MEMO 出力オプション

<出力オプション>をクリックすると保存先などを設定できます。

❻ < OK >をクリックすると、分割保存が完了します。

105

SECTION 066 ページの編集

ページ表示時にアニメーションを追加する

対応バージョン　Standard　Pro

閲覧環境にかかわらずレイアウトが崩れないPDFは、プレゼンテーション用資料にも最適です。Acrobatにはプレゼンテーション用のPDF表示モードとして「フルスクリーンモード」が用意されており、そのページをめくる際にさまざまなアニメーション効果を追加できます。

≫ ページ表示時にアニメーションを追加する

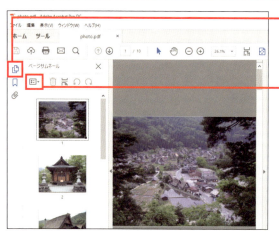

❶ をクリックしてページサムネールパネルを表示し、

❷ をクリックします。

❸ <ページ効果>をクリックします。

MEMO そのほかの手順

<ツール>→<ページを整理>→<その他>→<ページ効果>の順にクリックすることもできます。

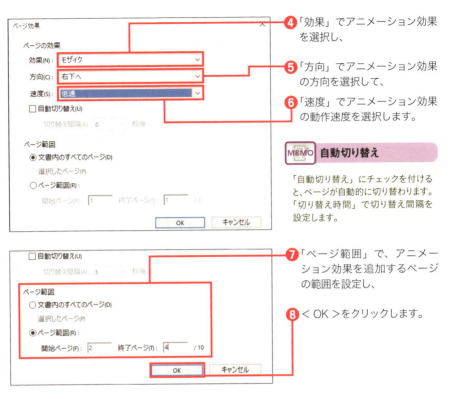

❹「効果」でアニメーション効果を選択し、

❺「方向」でアニメーション効果の方向を選択して、

❻「速度」でアニメーション効果の動作速度を選択します。

> **MEMO 自動切り替え**
>
> 「自動切り替え」にチェックを付けると、ページが自動的に切り替わります。「切り替え時間」で切り替え間隔を設定します。

❼「ページ範囲」で、アニメーション効果を追加するページの範囲を設定し、

❽< OK >をクリックします。

❾フルスクリーンモードでPDFを表示すると、PDFがアニメーション効果付きで表示されます。

COLUMN

アニメーションはフルスクリーンモードでのみ適用される

アニメーション効果付きでPDFが表示されるのは、フルスクリーンモードで表示したときだけです。PDFをフルスクリーンモードで表示するには、<表示>→<フルスクリーンモード>の順にクリックします。

SECTION
067 ページを置換する
ページの編集

対応バージョン / Standard / Pro

Acrobatでは、PDFのページを別のPDFのページで置換することが可能です。たとえば「PDF1」と「PDF 2」があった場合、「PDF1」の一部のページを「PDF2」のページと差し替えることができます。PDFの作成後に、誤植やミスの直しなどで必要になる機能です。

≫ ページを置換する

❶ <ツール>をクリックし、

❷ <ページを整理>をクリックします。

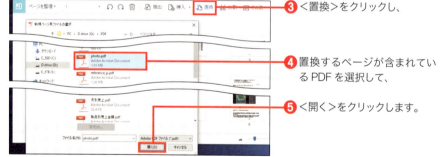

❸ <置換>をクリックし、

❹ 置換するページが含まれているPDFを選択して、

❺ <開く>をクリックします。

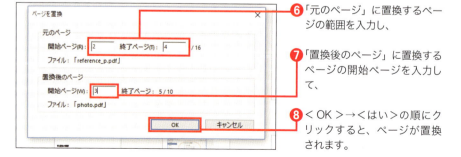

❻ 「元のページ」に置換するページの範囲を入力し、

❼ 「置換後のページ」に置換するページの開始ページを入力して、

❽ <OK>→<はい>の順にクリックすると、ページが置換されます。

108

対応バージョン　Standard　Pro

SECTION 068
ページをトリミングする

ページの編集

原稿を寄せ集めたようなPDFでは、しばしばページの余白などがばらばらで、見づらくなってしまいます。そういったPDFは、ページをトリミングして各ページの表示領域を調整すると、統一感が出ます。なお、トリミングの編集はいつでももとに戻せます。

» ページをトリミングする

❶ <ツール>をクリックし、

❷ < PDFを編集>をクリックします。

❸ <ページをトリミング>をクリックし、

❹ トリミング範囲をドラッグして選択し、ダブルクリックします。

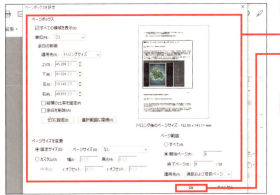

❺ 余白やページサイズなどを設定し、

❻ < OK >をクリックすると、トリミングされます。

MEMO　トリミングの取り消し

カットされた部分は非表示になるだけで、削除されていません。そのため、<編集>→<ページをトリミングの取り消し>の順にクリックすると、もとに戻せます。

第4章　ページの編集

109

SECTION 069 ページの編集

対応バージョン　Standard　Pro

複数のPDFを1つにまとめる

Acrobatは複数のPDFを1つにまとめることができます。ページ数の少ないPDFなどは、バラバラのままよりも1つにまとめたほうが扱いやすくなることがあるでしょう。複数の画像ファイルを1つのPDFにまとめ、PDFで写真アルバムを作るようなことも可能です。

複数のPDFを1つにまとめる

❶ <ツール>をクリックし、

❷ <ファイルを結合>をクリックします。

❸ <ファイルを追加>をクリックし、複数のファイルを選択して<開く>をクリックします。

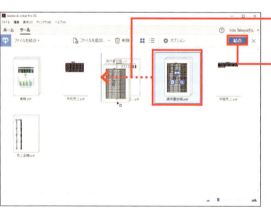

❹ 追加されたファイルをドラッグして順番を入れ替え、

❺ <結合>をクリックすると、1つにまとめられます。

MEMO　ファイルの追加

手順❹で<ファイルを追加>をクリックすると、さらにファイルを追加できます。

対応バージョン　Standard　Pro

SECTION 070 テキストを編集する

テキストと画像

PDFの最大の利点の1つは、画像ファイルと同様に閲覧環境に左右されることなくレイアウトを維持しつつ、テキストを編集できることです。Acrobatの編集機能を使えば、PDFをテキストファイルのように自由に書き換えたりすることができます。

≫ PDF内のテキストを編集する

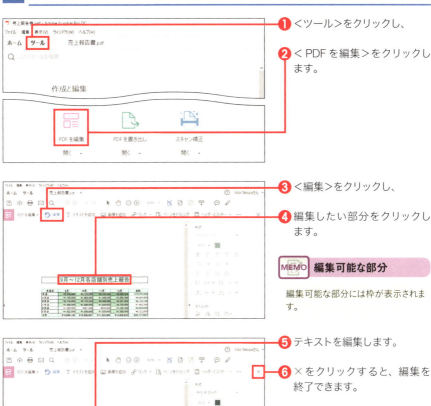

① <ツール>をクリックし、

② <PDFを編集>をクリックします。

③ <編集>をクリックし、

④ 編集したい部分をクリックします。

MEMO　編集可能な部分

編集可能な部分には枠が表示されます。

⑤ テキストを編集します。

⑥ ×をクリックすると、編集を終了できます。

MEMO　編集内容の取り消し

<編集>→<○○の取り消し>の順にクリックすると、もとに戻せます。

●テキストと画像

第4章

111

SECTION 071 テキストと画像

テキストの書式を変更する

対応バージョン　Standard　Pro

PDF内のテキストは、書式も自由に変更できます。Acrobatのテキスト編集機能は、フォントや文字サイズだけでなく、文字色、太字／斜体、行揃えなど、あらゆる書式の変更が可能で、表現力豊かなデジタル文書を作成できます。

≫ テキストの書式を変更する

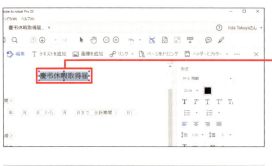

① Sec.070 手順 ❶～❸ を参考に編集画面を表示し、

② 編集したいテキストをドラッグして選択します。

③ フォントを変更するには、現在のフォントをクリックし、

④ 任意のフォントをクリックします。

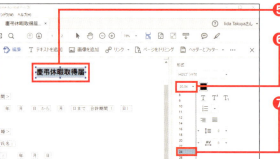

⑤ フォントが変更されます。

⑥ 文字サイズを変更するには、現在の文字サイズをクリックし、

⑦ 任意の文字サイズをクリックします。

❽ 文字サイズが変更されます。

❾ テキストを太字にするには、**T**をクリックします。

❿ テキストが太字になります。

⓫ テキストを斜体にするには、*T*をクリックします。

⓬ テキストが斜体になります。

⓭ テキストに下線を引くには、T をクリックします。

⓮ テキストに下線が引かれます。

> **MEMO 行揃えをする**
>
> ≡をクリックすると左揃え、≡をクリックすると中央揃え、≡をクリックすると右揃えできます。

●テキストと画像

第4章

113

SECTION 072 箇条書きや文字列の折り返し幅を保持したまま編集する

対応バージョン Standard Pro

テキストと画像

ビジネス文書に欠かせないものとして、何らかの条件の列挙や手順の説明などに用いられる箇条書きやリストが挙げられます。こうした箇条書きやリストの書式を保持したまま、かんたんに追加などができます。また、テキストの折り返しの幅も保持できます。

箇条書きや文字列の折り返し幅を保持したまま編集する

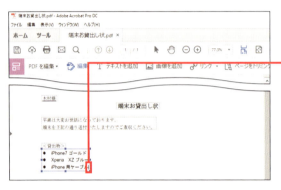

❶ Sec.070 手順❶～❸を参考に編集画面を表示し、

❷ 編集したい箇条書きの末尾をクリックし、Enterキーを押します。

❸ マークや連番が保持されたまま、新しい項目が追加されます。

MEMO 編集内容の取り消し
BackSpace キーを押すと、うしろから順に項目が削除できます。

❹ 項目にテキストを入力します。

❺折り返しを保持して編集したいテキストの末尾をクリックし、Enterキーを押します。

❻折り返しの幅が保持されたまま、行が追加されます。

❼テキストを入力すると、もとの幅で折り返されます。

MEMO 折り返し幅の変更

テキストボックスの端の ■ をドラッグすると、幅や高さを変更できます。

COLUMN

箇条書きの種類を変更する

箇条書きのマークや連番の種類は変更することができます。箇条書きを選択し、☰や☰の▼をクリックして、任意のマークや連番をクリックします。

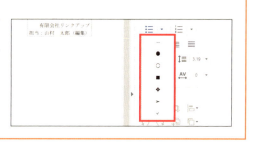

SECTION 073 画像を追加する

テキストと画像

対応バージョン Standard / Pro

PDFは、レイアウトを崩すことなく、テキストと画像を混在させられる点が長所です。Acrobatを使えば、ほかのアプリケーションで作成した図表や画像、デジタルカメラで撮影した写真、スキャナーで取り込んだイラストなどを、PDFに自由に追加できます。

≫ 画像を追加する

❶ Sec.070 手順❸の画面で＜画像を追加＞をクリックします。

❷ 追加したい画像をクリックし、

❸ ＜開く＞をクリックします。

MEMO 利用できる画像形式

BMP、GIF、JPG、PNGなどの形式の画像ファイルが利用できます。

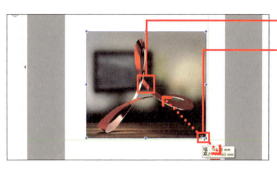

❹追加された画像をクリックし、

❺四隅の■をドラッグすると、画像のサイズを変更できます。

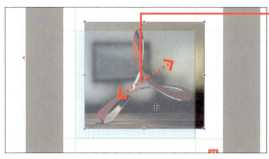

❻画像の中央付近をドラッグすると、画像を移動できます。

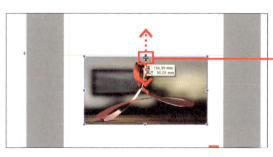

❼辺の■をドラッグすると、画像を縦や横に拡大／縮小できます。

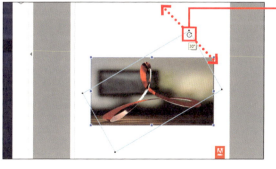

❽四隅の周辺で、マウスポインターが↻になっているときにドラッグすると、画像を任意の角度で回転できます。

SECTION 074 画像を編集する

対応バージョン Standard / Pro

テキストと画像

画像もPDF上で編集することが可能です。PDFに画像を追加する場合には、専用の画像編集アプリであらかじめ加工したあとにPDFに追加するほうが便利なこともありますが、PDF上での編集であれば、ほかのテキストや画像とのバランスを確認しながら編集できます。

画像を編集する

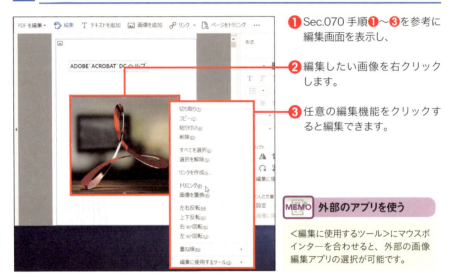

❶ Sec.070 手順❶～❸を参考に編集画面を表示し、

❷ 編集したい画像を右クリックします。

❸ 任意の編集機能をクリックすると編集できます。

> **MEMO　外部のアプリを使う**
>
> ＜編集に使用するツール＞にマウスポインターを合わせると、外部の画像編集アプリの選択が可能です。

COLUMN

基本的な編集機能

手順❸で＜トリミング＞をクリックし、画像の四隅や辺の青い部分をドラッグすると、画像がトリミングできます。＜左右反転＞や＜上下反転＞をクリックすると、画像が左右に、または上下に反転します。＜右90°回転＞や＜左90°回転＞をクリックすると、画像が右、または左に90°回転します。

SECTION 075 画像を差し替える

対応バージョン Standard Pro

テキストと画像

画像に何らかのミスがあったり、よりよいものが見つかったりした場合、PDF上の画像を差し替えることも可能です。Acrobatの画像差し替え機能は、自動的にもとの画像のサイズに拡大／縮小したうえで差し替えてくれるので、レイアウトの崩れが最小限に抑えられます。

画像を差し替える

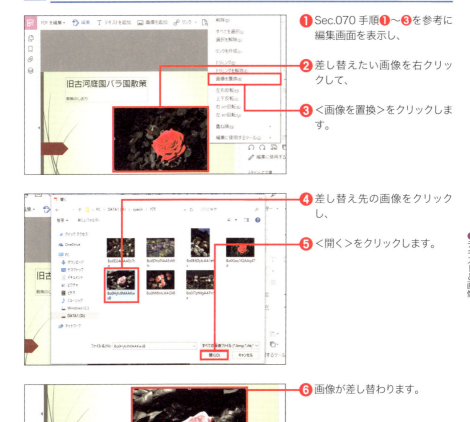

❶ Sec.070 手順❶〜❸を参考に編集画面を表示し、

❷ 差し替えたい画像を右クリックして、

❸ ＜画像を置換＞をクリックします。

❹ 差し替え先の画像をクリックし、

❺ ＜開く＞をクリックします。

❻ 画像が差し替わります。

対応バージョン　Standard　Pro

SECTION 076 テキストや画像を移動する

テキストと画像

画像やテキストといったオブジェクトのレイアウトは、文書の見た目を大きく左右する重要な要素です。Acrobatなら、マウスのドラッグだけでPDF上のさまざまなオブジェクトを自由に移動可能です。仮に編集に失敗しても、いつでももとの状態に戻せます。

≫ テキストを移動する

❶ Sec.070 手順❶〜❸を参考に編集画面を表示し、

❷ 移動させたいテキストの周囲にマウスポインターを合わせ、✢になったらドラッグします。

❸ ドロップすると、テキストが移動します。

MEMO 移動の取り消し

＜編集＞→＜移動の取り消し＞の順にクリックすると、移動を取り消せます。

COLUMN

画像を移動する

画像を移動させる場合は、画像の上にマウスポインターを合わせ、✢になったら同様にドラッグします。画像の場合は、周囲だけでなく、画像全体がドラッグの対象になります。

対応バージョン Standard Pro

SECTION 077
テキストと画像

テキストや画像を整列する

美しいレイアウトの基本は、オブジェクトの整列です。画像やテキストの上下左右の辺がバラバラだと見た目が悪くなり、内容以前の段階で印象が悪くなってしまいます。Acrobatなら、テキストや画像を選択するだけできれいに整列することができます。

≫ テキストや画像を整列する

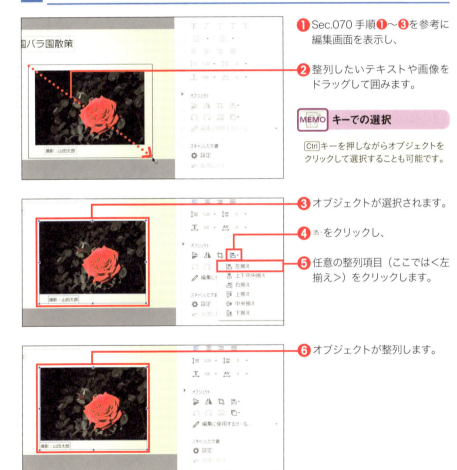

❶ Sec.070 手順❶〜❸を参考に編集画面を表示し、

❷ 整列したいテキストや画像をドラッグして囲みます。

MEMO キーでの選択

Ctrlキーを押しながらオブジェクトをクリックして選択することも可能です。

❸ オブジェクトが選択されます。

❹ をクリックし、

❺ 任意の整列項目（ここでは＜左揃え＞）をクリックします。

❻ オブジェクトが整列します。

121

SECTION 078 テキストと画像

対応バージョン　Standard　Pro

テキストや画像の並び順を変更する

画像やテキストを追加したり、レイアウトを調整していると、オブジェクトどうしが重なり合ってしまったり、画像の下に隠れて文字が読めなくなってしまったりすることがあります。こういった場合には、各オブジェクトの前後の並び順を変更する必要があります。

テキストや画像の並び順を変更する

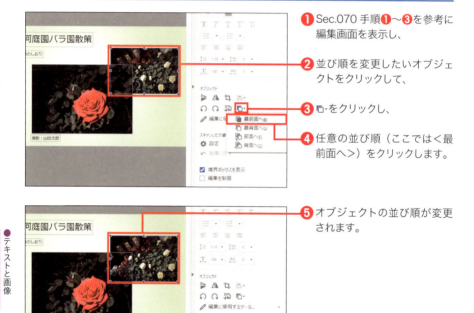

❶ Sec.070 手順❶〜❸を参考に編集画面を表示し、

❷ 並び順を変更したいオブジェクトをクリックして、

❸ をクリックし、

❹ 任意の並び順（ここでは＜最前面へ＞）をクリックします。

❺ オブジェクトの並び順が変更されます。

COLUMN

並び順の使い分け

手順❹では、ほかのオブジェクトより前面に出したい場合は＜最前面へ＞を、ほかのオブジェクトの裏に隠したい場合は＜最後面へ＞をクリックします。複数のオブジェクトが重なっている状態で、オブジェクトの合間に位置させたい場合は、＜前面へ＞や＜背面へ＞をクリックして、調整します。

SECTION 079 背景を追加する

高度な編集　対応バージョン　Standard　Pro

Acrobatは、PDFのページに背景を追加できます。背景は単色にできるほか、画像ファイルを素材として利用することも可能です。PDFの背景は基本的には装飾ですが、淡い単色の背景で文字を見やすくしたり、社名やロゴを入れたりするような用途にも使えます。

背景を追加する

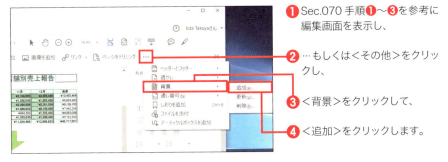

❶ Sec.070 手順❶〜❸を参考に編集画面を表示し、

❷ …もしくは＜その他＞をクリックし、

❸ ＜背景＞をクリックして、

❹ ＜追加＞をクリックします。

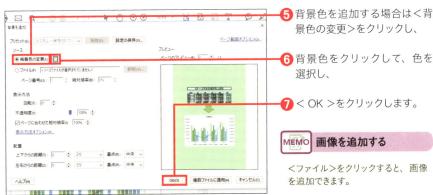

❺ 背景色を追加する場合は＜背景色の変更＞をクリックし、

❻ 背景色をクリックして、色を選択し、

❼ ＜ OK ＞をクリックします。

MEMO 画像を追加する

＜ファイル＞をクリックすると、画像を追加できます。

❽ 背景が追加されます。

123

SECTION 080 高度な編集

対応バージョン Standard Pro

ヘッダーやフッターを追加する

Acrobatは、PDFに「ヘッダー」や「フッター」を追加することもできます。ヘッダーはページの上、フッターは下に付加される文字列や数字のことで、ヘッダーやフッターを使えば、ページ上部に章番号や章名、ページ下部にページ番号などを付加できます。

≫ ヘッダーやフッターを追加する

❶ Sec.070 手順❶～❸を参考に編集画面を表示し、

❷ <ヘッダーとフッター>をクリックし、

❸ <追加>をクリックします。

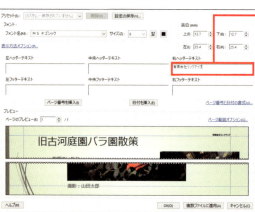

❹ ヘッダーやフッターを追加したい場所の入力欄に、テキストを入力します。

MEMO 日付を追加する

<日付を挿入>をクリックすると、日付を追加できます。

COLUMN

ツールバーの表示項目

ウィンドウサイズによっては、手順❶の画面でツールバーに「ヘッダーとフッター」が表示されていないこともあります。その場合は…もしくは<その他>をクリックして、<ヘッダーとフッター>をクリックします。「ヘッダーとフッター」に限らず、ほかの表示項目も同様です。

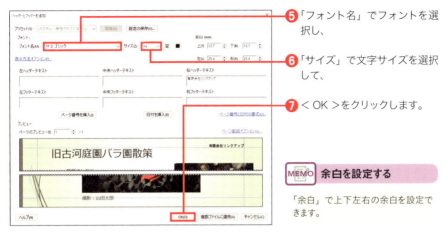

❺「フォント名」でフォントを選択し、

❻「サイズ」で文字サイズを選択して、

❼＜ OK ＞をクリックします。

> **MEMO** 余白を設定する
>
> 「余白」で上下左右の余白を設定できます。

❽ヘッダー/フッターが追加されます。

COLUMN

ページ番号を追加する

Acrobatではヘッダー/フッターとして、ページ番号を追加できます。P.124手順❹の画面で、ページ番号を追加したい入力欄をクリックし、＜ページ番号を挿入＞をクリックします。また、＜ページ番号と日付の書式＞をクリックすると、ページ番号の書式や、ページ番号の開始ページを設定できます。設定完了後、＜OK＞をクリックすると、ページ番号が追加されます。

125

SECTION 081 通し番号を追加する

高度な編集　　　　　　　　　　　　　　　　　　　　　　　　　対応バージョン　Pro

複数の文書をまとめて管理したり、本文のほか目次や索引などをまとめたりする場合、全体の通し番号が必要になることがあります。Acrobat Proでは、複数のPDFの全ページにヘッダーやフッターとして通し番号を追加することができます。

≫ 通し番号を追加する

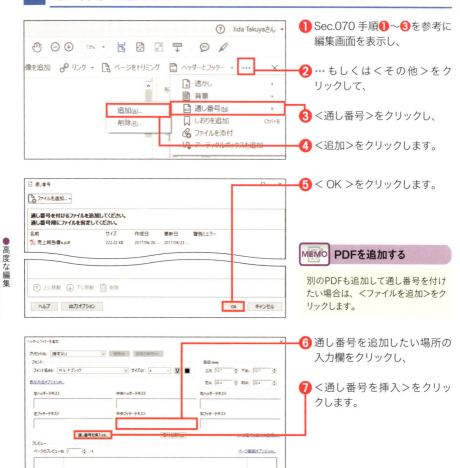

❶ Sec.070 手順❶〜❸を参考に編集画面を表示し、

❷ …もしくは＜その他＞をクリックして、

❸ ＜通し番号＞をクリックし、

❹ ＜追加＞をクリックします。

❺ ＜OK＞をクリックします。

MEMO　PDFを追加する

別のPDFも追加して通し番号を付けたい場合は、＜ファイルを追加＞をクリックします。

❻ 通し番号を追加したい場所の入力欄をクリックし、

❼ ＜通し番号を挿入＞をクリックします。

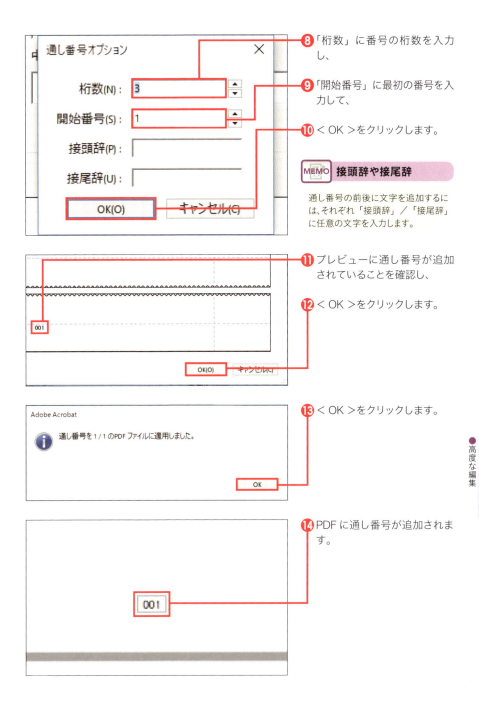

SECTION 082 高度な編集

Webページへのリンクを追加する

対応バージョン Standard / Pro

PDFはインターネットとの親和性が高いデジタル文書フォーマットで、Acrobatを利用すればPDF内にWebページへのリンクを追加できます。PDFには記載しきれない詳細な情報や、必要なソフトウェアのダウンロードなどは、Webページへのリンクとして提供すると便利です。

Webページへのリンクを追加する

❶ Sec.070 手順❶～❸を参考に編集画面を表示し、

❷ <リンク>をクリックし、

❸ <Webまたは文書リンクを追加/編集>をクリックします。

❹ Webページのリンクを追加したいテキストや画像などの範囲を、ドラッグして指定します。

❺ 「リンクの表示方法」でリンクの表示について設定し、

❻ 「リンクアクション」の<Webページを開く>をクリックして、

❼ <次へ>をクリックします。

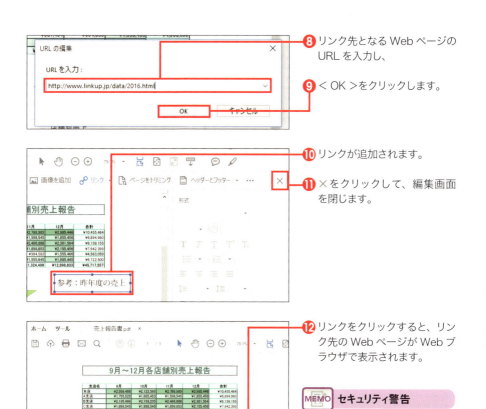

❽ リンク先となる Web ページの URL を入力し、

❾ ＜ OK ＞をクリックします。

❿ リンクが追加されます。

⓫ ×をクリックして、編集画面を閉じます。

⓬ リンクをクリックすると、リンク先の Web ページが Web ブラウザで表示されます。

MEMO セキュリティ警告

リンクを初めてクリックした際には「セキュリティ警告」が表示されます。＜許可＞をクリックすると、Webブラウザでリンク先のWebページが表示されます。

COLUMN

リンクを編集する

追加したリンクはいつでも編集できます。リンクを右クリックして＜リンクを編集＞をクリックすると、リンクの表示方法などが変更可能です。また、リンクを右クリックして＜リンクを削除＞をクリックすると、リンクを削除することができます。

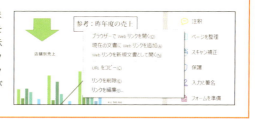

SECTION 083 別の文書へのリンクを追加する

高度な編集

対応バージョン　Standard　Pro

PDFには、別の文書へのリンクを追加することも可能です。別の文書へのリンクとは、たとえばほかのPDFファイルや各種Officeファイルなどをクリックするだけで開けるリンクのことで、相互に関連性のある複数の文書ファイルをまとめて扱う際にはとくに便利です。

別の文書へのリンクを追加する

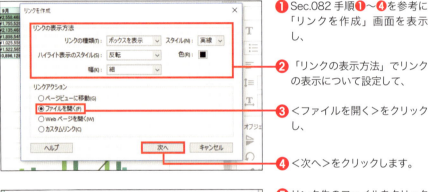

❶ Sec.082 手順❶〜❹を参考に「リンクを作成」画面を表示し、

❷「リンクの表示方法」でリンクの表示について設定して、

❸ ＜ファイルを開く＞をクリックし、

❹ ＜次へ＞をクリックします。

❺ リンク先のファイルをクリックして選択し、

❻ ＜開く＞をクリックします。

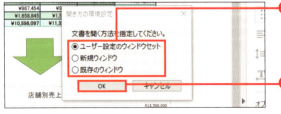

❼ リンク先がPDFファイルの場合は「開き方の環境設定」画面が表示されます。ファイルの開き方をクリックし、

❽ ＜OK＞をクリックします。

SECTION 084 高度な編集

ファイルを添付する

対応バージョン Standard Pro

PDFと関連性があるファイルがある場合、ファイルをインターネット上に配置し、リンクを使って誘導することもできますが、PDF自体にファイルを添付することも可能です。とくにサイズの小さいファイルの場合は、PDF自体に添付してしまったほうが便利です。

≫ ファイルを添付する

① Sec.070 手順①〜②を参考に編集画面を表示し、
② …もしくは<その他>をクリックして、
③ <ファイルを添付>をクリックします。

④ 添付するファイルをクリックして選択し、
⑤ <開く>をクリックします。

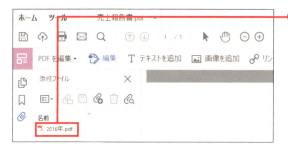

⑥ ナビゲーションパネルの「添付ファイル」に添付ファイルが追加されます。

対応バージョン　Standard　Pro

SECTION
085 アクションのあるボタンを追加する
高度な編集

PDFのテキストや画像には「アクション」を追加できます。アクションとは、たとえば特定のページに移動するといった動作や効果で、Webページやファイルへのリンクもアクションの一種です。目次をクリックするだけでページが表示できるのも、アクションのおかげです。

≫ アクションのあるボタンを追加する

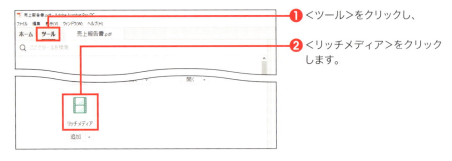

❶ <ツール>をクリックし、

❷ <リッチメディア>をクリックします。

❸ <ボタンを追加>をクリックし、

❹ ボタンを配置したい場所でクリックします。

❺ フィールド名を入力し、

❻ <すべてのプロパティ>をクリックします。

MEMO ボタンのサイズ調整

ボタンの枠の青い部分をドラッグすると、サイズを調整できます。

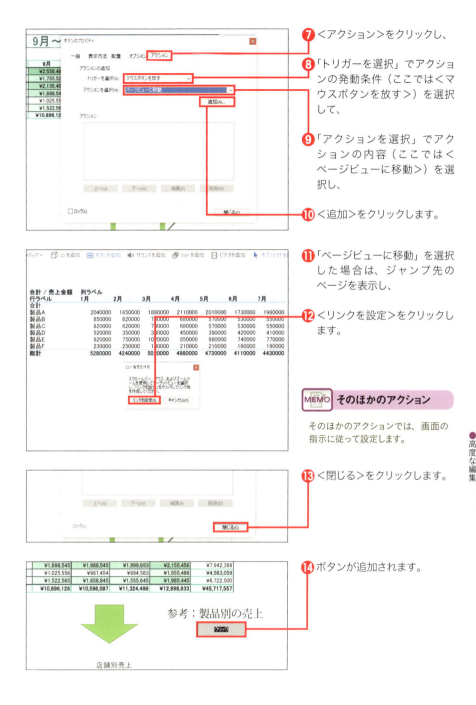

❼ <アクション>をクリックし、

❽ 「トリガーを選択」でアクションの発動条件(ここでは<マウスボタンを放す>)を選択して、

❾ 「アクションを選択」でアクションの内容(ここでは<ページビューに移動>)を選択し、

❿ <追加>をクリックします。

⓫ 「ページビューに移動」を選択した場合は、ジャンプ先のページを表示し、

⓬ <リンクを設定>をクリックします。

MEMO そのほかのアクション

そのほかのアクションでは、画面の指示に従って設定します。

⓭ <閉じる>をクリックします。

⓮ ボタンが追加されます。

133

SECTION 086 高度な編集

音声や動画を追加する

対応バージョン Pro

PDFはマルチメディアコンテンツに対応するデジタル文書フォーマットで、Acrobat Proを使えばPDF文書内に音声ファイルや動画ファイルを追加できます。なお、音声ファイルや動画ファイルは再生コントローラー付きで追加され、PDFの閲覧者が自由に再生できます。

≫ 音声や動画を追加する

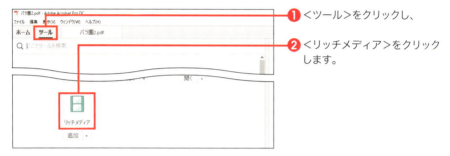

❶ <ツール>をクリックし、

❷ <リッチメディア>をクリックします。

❸ 音声ファイルを追加する場合は<サウンドを追加>をクリックし、

❹ 追加したい部分をドラッグします。

MEMO 動画ファイルの追加
動画ファイルを追加する場合は<ビデオを追加>をクリックします。

❺ <参照>をクリックします。

❻ 追加したい音声ファイルや動画ファイルをクリックし、

❼ <開く>をクリックします。

MEMO ファイルの形式

対応している音声ファイル形式はMP3、動画ファイル形式はMP4やMOVなどです。

❽ < OK >をクリックします。

MEMO 詳細オプション

<詳細オプションを表示>にチェックを付けると、追加するファイルの再生方法などの詳細を設定できます。

❾ 音声ファイルや動画ファイルが追加され、クリックすると再生されます。

MEMO サイズ変更と移動

追加した音声ファイルや動画ファイルの枠をドラッグすると、サイズの変更や移動が可能です。

COLUMN

再生にはFlash Playerが必要

ファイルの再生にはFlash Playerが必要です。手順❾のあとに、Flash Playerをインストールするように警告が表示された場合は、警告の右側の<詳細情報>をクリックして、最新のFlash Playerをインストールしてください。

対応バージョン　Pro

SECTION 087
音声や動画の再生方法を変更する

高度な編集

PDFに追加した音声／動画ファイルは、再生方法などを設定できます。たとえば、PDFに追加された音声／動画ファイルは通常「非アクティブ」で、再生するにはクリックして「アクティブ化」しなければなりませんが、詳細設定ではこの種の再生方法を変更できます。

音声や動画の再生方法を変更する

❶ 詳細を変更したい音声や動画を右クリックし、

❷ <プロパティ>をクリックします。

❸ 各設定項目で再生方法や表示方法を設定し、

❹ < OK >をクリックします。

MEMO 再生方法の設定項目

「アクティブにする場合」で対象をアクティブにするタイミングを、「再生スタイル」で再生方法を変更できます。

136

編集したPDFを保存する

対応バージョン　Reader　Standard　Pro

ここまでさまざまなPDFの編集方法を説明してきましたが、PDFに加えた編集内容を実際にPDFに反映するには、PDFを保存する必要があります。ただし、一度保存してしまうともとには戻せないため、とくに「上書き保存」する場合は注意が必要です。

PDFを保存する

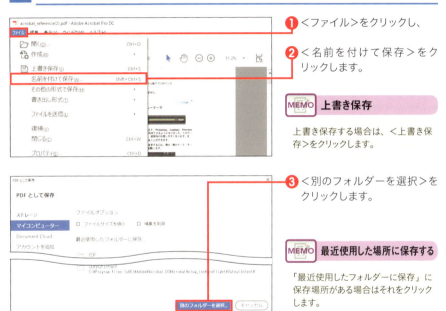

❶ <ファイル>をクリックし、

❷ <名前を付けて保存>をクリックします。

MEMO 上書き保存
上書き保存する場合は、<上書き保存>をクリックします。

❸ <別のフォルダーを選択>をクリックします。

MEMO 最近使用した場所に保存する
「最近使用したフォルダーに保存」に保存場所がある場合はそれをクリックします。

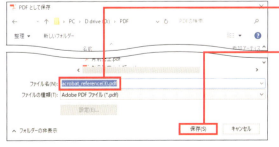

❹ 保存先のフォルダを開いてファイル名を入力し、

❺ <保存>をクリックします。

137

SECTION 089 保存と管理

ページの編集をもとに戻す／やり直す

対応バージョン：Standard / Pro

Acrobatを使ってPDFに行った編集は、一部の例外を除けば、いつでも取り消せます。さらに、取り消した編集を再度やり直すことも可能で、ミスを恐れることなく編集できます。なお、Acrobatによる編集は、PDFを上書き保存したときに初めてファイルに適用されます。

» ページの編集をもとに戻す／やり直す

① 直前の編集（ここではオブジェクトの削除）をもとに戻したい場合は、＜編集＞をクリックし、

② ＜○○の取り消し＞（ここでは＜削除の取り消し＞）をクリックします。

③ 直前の編集（ここではオブジェクトの削除）が取り消されます。

④ 取り消した編集を再度やり直す場合は、＜編集＞をクリックし、

⑤ ＜○○のやり直し＞（ここでは＜削除のやり直し＞）をクリックします。

> **MEMO ショートカットキーを使う**
>
> Ctrl+Zキーを押すと、直前の編集が取り消され、Shift+Ctrl+Zキーを押すと、取り消した編集を再度やり直せます。

138

対応バージョン: Reader / Standard / Pro

SECTION 090
保存と管理

PDFを最初の状態に戻す

PDFをどれだけたくさん編集したあとでも、保存さえしていなければ、Acrobatではいつでも「最後に保存したときの状態」に戻すことができます。どこを編集したかわからなくなってしまったような場合でも、編集内容をまとめてリセットできるので便利です。

≫ PDFを最初の状態に戻す

❶ <ファイル>をクリックし、

❷ <復帰>をクリックします。

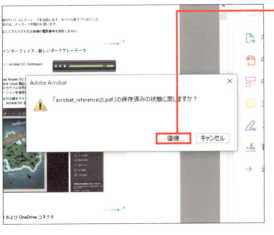

❸ <復帰>をクリックすると、PDFファイルを読み込んだ直後の状態に戻ります。

139

対応バージョン　Standard　Pro

SECTION 091
保存と管理
PDFを画像に変換する

文書内のテキストを選択／検索／コピー／編集できるのがPDFの利点の1つですが、プレゼンテーション用スライドショーなどの用途で、各ページを画像として扱いたい場合もあるでしょう。AcrobatにはPDFの各ページを画像として保存する機能もあります。

≫ PDFを画像に変換する

❶ <ファイル>をクリックし、

❷ <書き出し形式>をクリックして、

❸ <画像>をクリックし、

❹ 出力したい画像ファイル形式をクリックします。

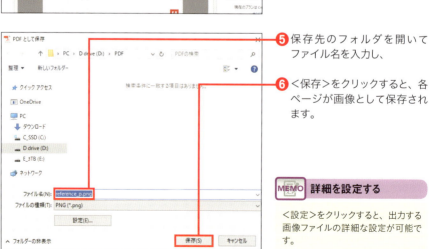

❺ 保存先のフォルダを開いてファイル名を入力し、

❻ <保存>をクリックすると、各ページが画像として保存されます。

MEMO　詳細を設定する

<設定>をクリックすると、出力する画像ファイルの詳細な設定が可能です。

対応バージョン Standard Pro

SECTION
092
保存と管理

PDF内の画像を書き出す

Acrobatでは、PDF自体を画像に変換できるだけでなく、PDF内の画像だけを書き出すこともできます。PDF内の画像をほかの作業に流用する場合などに便利です。画像の形式も指定できるため、用途に応じた最適な書き出しが可能です。

▶ PDF内の画像を書き出す

① <ツール>をクリックし、

② <PDFを書き出し>をクリックします。

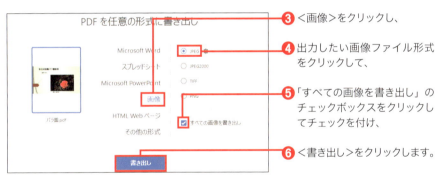

③ <画像>をクリックし、

④ 出力したい画像ファイル形式をクリックして、

⑤ 「すべての画像を書き出し」のチェックボックスをクリックしてチェックを付け、

⑥ <書き出し>をクリックします。

⑦ <別のフォルダーを選択>をクリックし、Sec.091 手順 ⑤ 〜 ⑥ を参考に保存します。

MEMO 最近使用した場所に保存する

「最近使用したフォルダーに保存」に保存場所がある場合はそれをクリックします。

●保存と管理 第4章

141

SECTION 093 保存と管理

対応バージョン Standard Pro

PDFをWord／Excel／PowerPoint形式に書き出す

Acrobatでは、PDFをOfficeのWordやExcel、PowerPointのファイル形式でも出力できます。OfficeファイルはPDFと違い、レイアウトの保持にこそ難がありますが、編集機能に関してはPDFより優れている面もあるため、連携して利用すると便利です。

≫ PDFをWord形式に書き出す

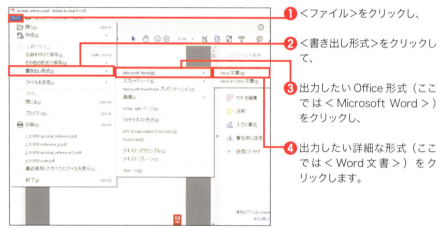

❶ <ファイル>をクリックし、

❷ <書き出し形式>をクリックして、

❸ 出力したいOffice形式（ここでは<Microsoft Word>）をクリックし、

❹ 出力したい詳細な形式（ここでは<Word文書>）をクリックします。

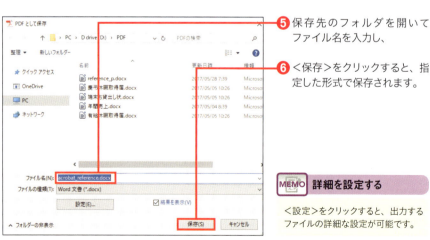

❺ 保存先のフォルダを開いてファイル名を入力し、

❻ <保存>をクリックすると、指定した形式で保存されます。

MEMO 詳細を設定する

<設定>をクリックすると、出力するファイルの詳細な設定が可能です。

SECTION 094 保存と管理

対応バージョン Standard Pro

PDFをテキスト形式に書き出す

レイアウトやフォントの保持といった要素を捨てることになりますが、文字だけの文書であれば、ファイルサイズが小さく環境を選ばないテキスト形式のファイル（.txt）で十分な場合もあります。Acrobatは、こうしたテキスト形式での出力にも対応しています。

≫ PDFをテキスト形式に書き出す

① ＜ファイル＞をクリックし、

② ＜書き出し形式＞をクリックして、

③ 出力したいテキスト形式（ここでは＜テキスト（プレーン）＞）をクリックします。

MEMO 詳細を設定する

＜テキスト（アクセシブル）＞をクリックすると、テキストに加えて注釈や改行など一部の書式設定も出力されます。

④ 保存先のフォルダを開いてファイル名を入力し、

⑤ ＜保存＞をクリックすると、指定した形式で保存されます。

MEMO 詳細を設定する

「テキスト（プレーン）」の場合は、＜設定＞をクリックすると、出力するファイルの詳細な設定が可能です。

143

SECTION 095 保存と管理

PDFを履歴から開く

対応バージョン: Reader / Standard / Pro

一度開いたことのあるPDFは、Acrobatの「履歴」に登録されるため、再度開く際には履歴から開くと便利です。なお、共有パソコンでAcrobatを利用している場合、履歴は一種のプライバシーコンテンツといえますが、Acrobatの履歴は1クリックで削除可能なので安心です。

≫ PDFを履歴から開く

❶ <ホーム>をクリックし、

❷ <最近使用したファイル>をクリックすると、最近使用したPDFファイルが一覧表示されます。

❸ ファイルをクリックします。

MEMO 表示を切り替える
をクリックすると、サムネール表示に切り替わります。

❹ PDFの中身がプレビュー表示されます。

❺ ファイルをダブルクリックすると、ファイルを表示できます。

MEMO 履歴を削除する
<最近使用したファイルをクリア>をクリックすると、履歴をすべて削除できます。個別の履歴を削除する場合は、<最近使用したファイルから削除>をクリックします。

SECTION 096 保存と管理

対応バージョン Reader / Standard / Pro

最近使用したファイルを検索して開く

長くAcrobatを使用していると、「最近使用したファイル」に表示される履歴の数がどんどん増えていき、目的のPDFを探し出すのが大変になります。そのような場合は検索機能を使いましょう。検索機能を使用すれば、キーワードに合致する履歴を一発で探し出せます。

≫ 最近使用したファイルを検索して開く

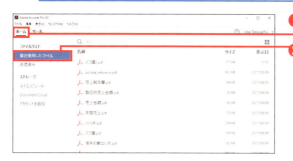

❶ <ホーム>をクリックし、

❷ <最近使用したファイル>をクリックして、最近使用したPDFファイルを一覧表示します。

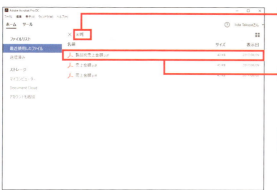

❸ 検索欄に、探したいPDFのファイル名、またはファイル名の一部を入力します。

❹ キーワードに合致する履歴が表示されるので、開きたいファイルをダブルクリックします。

MEMO 検索キーワードを削除する

検索欄の×をクリックすると、検索キーワードを削除できます。

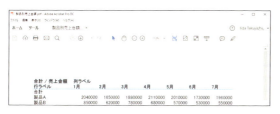

❺ PDFが表示されます。

第4章 保存と管理

145

SECTION 097 保存と管理

対応バージョン Reader / Standard / Pro

PDFをDocument Cloudで管理する

Adobe Acrobat DCの「DC」は、Adobeのクラウドサービス「Document Cloud」の略です。Adobe Acrobat DCは単体でも有用ですが、Document Cloudと連携すれば、どこからでもPDFを閲覧／編集可能になり、強力なクラウドシステムとして真価を発揮します。

≫ Document Cloudにフォルダを作成する

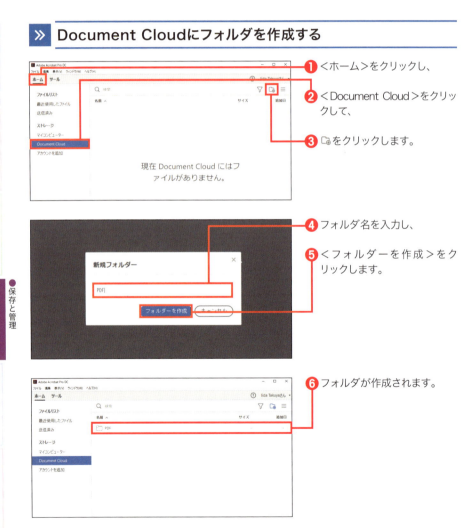

① <ホーム>をクリックし、
② <Document Cloud>をクリックして、
③ をクリックします。
④ フォルダ名を入力し、
⑤ <フォルダーを作成>をクリックします。
⑥ フォルダが作成されます。

Document CloudにPDFを保存する

❶ ＜ファイル＞をクリックし、

❷ ＜名前を付けて保存＞をクリックします。

❸ ＜Document Cloud＞をクリックして、

❹ ファイル名を入力して、

❺ 保存先のフォルダをダブルクリックします。

❻ ＜保存＞をクリックすると、Document Cloudに保存されます。

❼ P.146 手順❻の画面で保存先のフォルダをダブルクリックすると、保存したファイルが表示されます。

❽ ファイルをダブルクリックすると、ファイルが開きます。

COLUMN

Document Cloudについて

Document Cloudの詳細な利用方法については、第9章「Document Cloudの利用」を参照してください。

SECTION 098 保存と管理

対応バージョン　Reader　Standard　Pro

PDFをDropboxで管理する

AcrobatはDocument Cloud以外にも、複数のクラウドサービスに対応しています。オンラインストレージサービスの代表格である「Dropbox」にも対応しており、Dropboxのアカウントを用意すれば、Acrobat上でDropboxを利用して、PDFを管理することが可能です。

≫ Dropboxにログインする

❶ <ホーム>をクリックし、

❷ <アカウントを追加>をクリックして、

❸ 「Dropbox」の<追加>をクリックします。

❹ Dropboxアカウントのメールアドレスとパスワードを入力し、

❺ <ログイン>→<許可>の順にクリックします。

MEMO アカウントを作成する

アカウントを作成する場合は、<Dropboxのアカウントを作成>をクリックします。

❻ 手順❶の画面で< Dropbox >をクリックすると、Dropbox内のファイルが表示されます。

MEMO ほかのサービスでも同様

ファイルの表示方法は、boxやOneDriveなどほかのクラウドサービスでも同様です。

DropboxにPDFを保存する

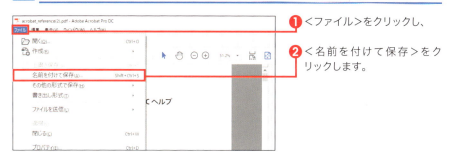

❶ ＜ファイル＞をクリックし、

❷ ＜名前を付けて保存＞をクリックします。

❸ ＜Dropbox＞をクリックし、

❹ ファイル名を入力して、

❺ ＜保存＞をクリックすると、Dropboxに保存されます。

❻ P.148手順❻の画面で＜Dropbox＞をクリックすると、保存したファイルが表示されます。

❼ ファイルをダブルクリックすると、ファイルが開きます。

COLUMN

Dropboxの削除

ホームビューの「ストレージ」に登録されたDropboxは、いつでも削除できます。手順❻の画面で🖉をクリックし、「Dropbox」の⊗→＜完了＞の順にクリックすると、削除されます。

149

SECTION 099 保存と管理

対応バージョン Reader / Standard / Pro

エクスプローラーでPDFファイルのサムネールを表示する

エクスプローラーでPDFファイルを確認すると、Acrobatのアイコンが表示されますが、PDFの内容をサムネール表示することもできます。ひと目でどのような内容なのかがわかるため、多くのPDFファイルを扱う場合などに役立ちます。

▶ エクスプローラーでPDFファイルのサムネールを表示する

❶ ＜編集＞をクリックし、

❷ ＜環境設定＞をクリックします。

❸ ＜一般＞をクリックし、

❹ 「Windows Explorer で PDF サムネールのプレビューを有効にする」のチェックボックスをクリックしてチェックを付け、

❺ ＜ OK ＞をクリックします。

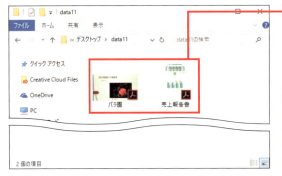

❻ エクスプローラーを開くと、PDFファイルがサムネール表示されていることが確認できます。

MEMO 小アイコンでは表示されない

小アイコンではサムネールは表示されません。大アイコンに切り替えるには、エクスプローラーの画面右下の ■ をクリックします。

150

第**5**章

PDFの作成と保護

SECTION 100 PDFの作成

Word／Excel／PowerPointファイルからPDFを作成する

対応バージョン　Standard　Pro

Acrobatでは、WordやExcel、PowerPointといったOfficeファイルから、かんたんにPDFを作成することができます。複数のOfficeファイルをまとめてPDFにすることもできるため、すばやくPDFに変換したい場合に重宝します。

≫ OfficeファイルからPDFを作成する

❶ エクスプローラーでPDFに変換したいOfficeファイルを表示し、右クリックします。

MEMO　デスクトップでも可

エクスプローラーだけでなく、デスクトップなどでも右クリックできます。

❷ ＜Adobe PDFに変換＞をクリックします。

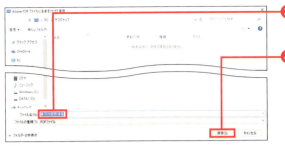

❸ 保存先のフォルダを表示してファイル名を入力し、

❹ <保存>をクリックします。

❺ PDFへの変換が開始されます。

MEMO キャンセルする

<キャンセル>をクリックすると、PDFへの変換をキャンセルできます。

❻ 変換が完了すると、変換したPDFが表示されます。

MEMO Acrobatから変換する

Acrobatで<ファイル>→<作成>→<ファイルからPDF>の順にクリックして、ファイルを選択することもできます。

COLUMN

複数のファイルをまとめて変換する

複数のOfficeファイルをまとめてPDFに変換することもできます。P.152手順❶の画面で複数のOfficeファイルを選択して右クリックし、<Adobe PDFに変換>をクリックします。なお、異なるOfficeファイル形式が混在していても変換可能です。

153

SECTION 101 WebページからPDFを作成する

対応バージョン Standard / Pro

PDFの作成

Acrobatでは、WebページをPDFに変換することができます。Webページはリンクによって階層構造になっていますが、どの階層までPDFに変換するのかも設定できます。Webサイト全体を変換することも可能ですが、データ容量が大きくなる場合があることに注意しましょう。

≫ WebページからPDFを作成する

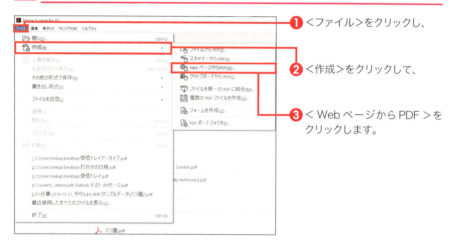

① <ファイル>をクリックし、

② <作成>をクリックして、

③ < WebページからPDF >をクリックします。

④ PDFに変換したいWebページのURLを入力し、

⑤ ◉をクリックします。

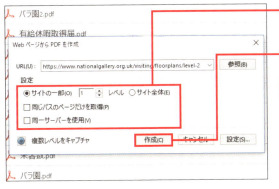

❻ 対象とするWebページの範囲を設定し、

❼ <作成>をクリックします。

MEMO Webページの範囲設定

<サイトの一部>をクリックすると、保存するページ階層の数を指定できます。<サイト全体>をクリックすると、Webサイト全体（全階層）が保存されます。

❽ WebページのダウンロードとPDFへの変換が開始されます。

MEMO PDF作成の停止

<停止>をクリックすると、PDFの作成を停止できます。

❾ 変換が完了すると、変換したPDFが表示されます。

MEMO レイアウト崩れ

Webページのコンテンツによっては、レイアウトが崩れたり、一部の画像が表示されなかったりする場合があります。

COLUMN

PDFの詳細設定

手順❻の画面で<設定>をクリックすると、ファイルの形式やレイアウトなどを詳細に設定できます。設定完了後、<OK>をクリックすると、手順❻の画面に戻ります。

SECTION 102　PDFの作成

印刷機能のあるソフトから PDFを作成する

対応バージョン　Standard　Pro

WordやExcel、PowerPointなどに代表される印刷機能のあるソフトでは、仮想プリンター「Acrobat PDF」をプリンターに指定することで、紙の印刷と同様の操作でPDFを作成することができます。ここでは、Officeを使用した場合のPDFの作成手順を紹介します。

印刷画面からPDFを作成する

❶ Office（ここではWord）でPDFに変換したいファイルを表示した状態で、＜ファイル＞をクリックします。

❷ ＜印刷＞をクリックし、

❸ 「プリンター」で＜Acrobat PDF＞を選択して、

❹ 余白などの各項目を設定し、

❺ ＜印刷＞をクリックします。

❻ 保存先のフォルダを表示してファイル名を入力し、

❼ ＜保存＞をクリックするとPDFで保存され、Acrobatで表示されます。

対応バージョン　Standard　Pro

SECTION 103　PDFの作成
画像ファイルからPDFを作成する

Acrobatでは、JPEGなどの画像ファイルをPDFに変換することもできます。画像ファイルを右クリックすると表示されるメニューからすばやく変換できるため、非常にかんたんです。また、複数の画像ファイルを1つのPDFにまとめることもできます。

≫ 画像ファイルからPDFを作成する

❶ エクスプローラーなどでPDFに変換したい画像ファイルを右クリックし、

❷ ＜Acrobat PDFに変換＞をクリックします。

MEMO　対応する画像形式

対応する画像形式は、JPEG（JPG）、PNG、BMP、GIF、TIFFなどです。

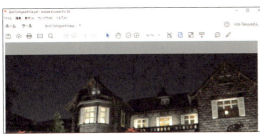

 PDFに変換され、Acrobatで表示されます。

MEMO　画質の劣化

画像ファイルの形式によっては、画質が劣化する場合もあります。

COLUMN　複数のファイルを変換する

複数の画像ファイルを同時にPDFに変換することもできます。手順❶の画面で複数の画像ファイルを選択して右クリックし、＜Adobe PDFに変換＞をクリックします。なお、複数の画像を1つのPDFにまとめたい場合は、手順❶の画面で複数の画像ファイルを選択して右クリックし、＜ファイルをAcrobatで統合＞→＜統合＞の順にクリックします。

SECTION 104　PDFの作成

OutlookのメールをPDFにする

対応バージョン　Standard　Pro

Acrobatでは、メールソフト「Outlook」のメールをPDFに変換することもできます。Outlook上からメールを右クリックするだけで、かんたんに変換が可能です。変換されたPDFはメールごとにクリックして閲覧することができるため、アクセス性にも優れています。

≫ OutlookのメールをPDFにする

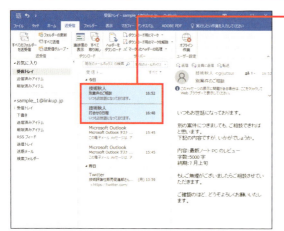

❶ OutlookでPDFに変換したいメールをクリックします。

MEMO　複数のメールの選択

Shiftキーや Ctrlキーを押しながらクリックすると、複数のメールを選択できます。

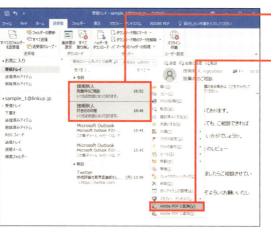

❷ 選択したメールを右クリックし、

❸ <Adobe PDFに変換>をクリックします。

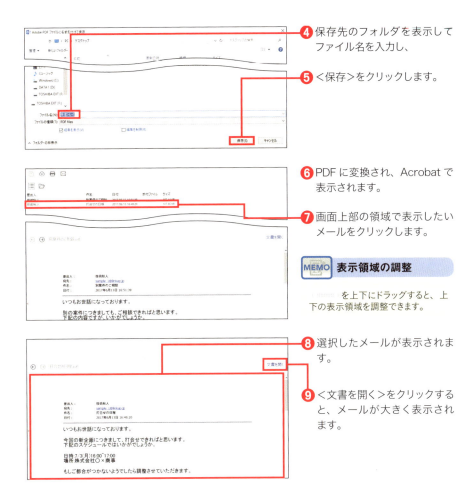

❹ 保存先のフォルダを表示して ファイル名を入力し、

❺ <保存>をクリックします。

❻ PDFに変換され、Acrobatで表示されます。

❼ 画面上部の領域で表示したいメールをクリックします。

MEMO 表示領域の調整

_____ を上下にドラッグすると、上下の表示領域を調整できます。

❽ 選択したメールが表示されます。

❾ <文書を開く>をクリックすると、メールが大きく表示されます。

COLUMN

メールをPDFに追加する

メールを変換したPDFに、あとからメールを追加することもできます。P.158手順❸で<Adobe PDFに追加>をクリックし、追加先のPDFを選択して<開く>をクリックします。

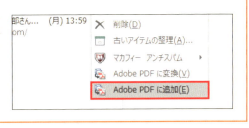

SECTION 105
PDFの作成
対応バージョン Standard / Pro

Outlookのメールを自動でPDFにする

Outlook上では、Acrobatと連携して自動でメールをPDFに変換することもできます。保存スケジュールや保存フォルダを詳細に設定することができるため、用途に応じて、最適なPDFを作成することができます。

≫ Outlookのメールを自動でPDFにする

❶ Outlookで＜ADOBE PDF＞タブをクリックし、

❷ ＜自動アーカイブを設定＞をクリックします。

❸ 「自動アーカイブを有効にする」のチェックボックスをクリックしてチェックを付け、

❹ 「スケジュール」で任意の保存スケジュールをクリックして、

❺ 「開始時刻」で任意の保存時刻を設定し、

❻ ＜追加＞をクリックします。

❼ 自動で PDF にするメールのあるフォルダにチェックを付け、

❽ < OK >をクリックします。

❾ 保存先のフォルダを表示してファイル名を入力し、

❿ <開く>をクリックします。

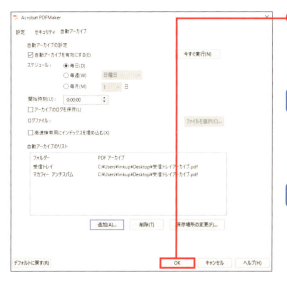

⓫ < OK >をクリックすると、設定したスケジュールで自動的に PDF が保存されます。

MEMO 今すぐ保存する

<今すぐ実行>をクリックすると、その場ですぐにPDFを保存することができます。

MEMO スケジュールの削除

「自動アーカイブのリスト」で削除したい項目を選択し、<削除>をクリックするとスケジュールを削除できます。

SECTION
106
PDFの作成

対応バージョン　Standard　Pro

Photoshopファイルから PDFを作成する

Acrobatでは、Photoshopファイル（PSD）をPDFに変換することもできます。デジカメで撮影した写真などをPhotoshopで編集したあと、PDFにまとめたい場合などに便利です。なお、Officeファイルなどのように、右クリックからPDFを作成することはできません。

≫ PhotoshopファイルからPDFを作成する

❶ <ファイル>をクリックし、
❷ <作成>をクリックして、
❸ <ファイルからPDF>をクリックします。

❹ PDFに変換したいPhotoshopファイルを選択し、
❺ <開く>をクリックします。

❻ PDFに変換され、Acrobatで表示されます。Sec.088を参考にして保存します。

162

SECTION 107 PDFの作成

IllustratorファイルからPDFを作成する

対応バージョン　Standard　Pro

Illustratorファイル（AI）も、AcrobatでPDFに変換することができます。また、InDesignファイル（INDD）も同様の手順でPDFに変換可能で、グラフィック関連の作業で重宝します。なお、Officeファイルなどのように、右クリックからPDFを作成することはできません。

IllustratorファイルからPDFを作成する

❶ <ファイル>をクリックし、

❷ <作成>をクリックして、

❸ <ファイルからPDF>をクリックします。

❹ PDFに変換したいIllustratorファイルを選択し、

❺ <開く>をクリックします。

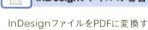

MEMO　InDesignファイルの場合

InDesignファイルをPDFに変換する場合は、手順❹でInDesignファイルを選択します。

❻ PDFに変換され、Acrobatで表示されます。Sec.088を参考にして保存します。

●PDFの作成　第5章

163

対応バージョン Standard / Pro

SECTION 108 PDFの作成
さまざまなファイルをPDFポートフォリオにまとめる

Acrobatには、PDFに限らずさまざまなファイルをひとまとめに扱える「PDFポートフォリオ」という機能があります。それぞれのファイル形式を変更することなく1つのPDFにまとめるため、それぞれのファイルを独立して扱うことができます。

≫ PDFポートフォリオで資料を1つにまとめる

❶ <ファイル>をクリックし、

❷ <作成>にマウスポインターを合わせ、

❸ < PDF ポートフォリオ>をクリックします。

❹ エクスプローラーからファイルをドラッグして追加します。

MEMO そのほかの追加方法
<ファイルを追加>→<ファイルを追加>の順にクリックすることでもファイルを追加できます。

❺ <作成>をクリックします。

MEMO ファイルの並べ替え
ファイルをドラッグすると、配置を並べ替えることができます。

164

❻ ナビゲーションパネルにファイルが追加され、クリックすると内容が表示されます。

MEMO Officeファイルの場合

Officeファイルなどの場合は、クリックしたあと、<プレビュー>または<開く>をクリックすると、表示されます。

❼ ポートフォリオを保存するには<ファイル>をクリックし、

❽ <ポートフォリオを保存>をクリックします。

❾ <別のフォルダーを選択>をクリックし、Sec.088 手順❹～❺を参考に保存します。

MEMO 最近使用した場所に保存する

「最近使用したフォルダーに保存」に保存場所がある場合は、それをクリックします。

COLUMN

ポートフォリオを編集する

PDFポートフォリオの編集は詳細表示にすると行えます。詳細表示に変更するには、<表示>→<ポートフォリオ>→<詳細>の順にクリックします。編集したいファイルを右クリックすると表示されるメニューから、名前の変更や並べ替えなどが可能です。

165

SECTION 109
PDFの作成

対応バージョン　Pro

複数のファイルを
まとめてPDFに変換する

AcrobatはOfficeファイルや画像などをPDFに変換する機能を備えていますが、複数のファイルをPDF化したい場合には、まとめて変換することも可能です。たくさんあるデジカメの写真やOfficeファイルなどをすばやくPDFに変換したい場合には、とくに便利な機能です。

≫ 複数のファイルをまとめてPDFに変換する

❶ <ファイル>をクリックし、

❷ <作成>をクリックして、

❸ <複数の PDF ファイルを作成>をクリックします。

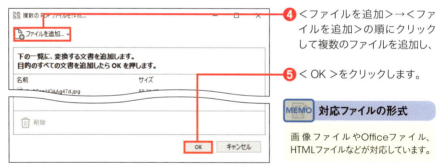

❹ <ファイルを追加>→<ファイルを追加>の順にクリックして複数のファイルを追加し、

❺ < OK >をクリックします。

MEMO 対応ファイルの形式

画像ファイルやOfficeファイル、HTMLファイルなどが対応しています。

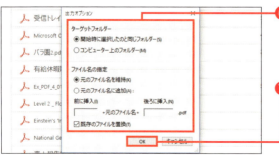

❻ 「ターゲットフォルダー」でPDFファイルの保存場所を、「ファイル名の指定」でファイル名を設定し、

❼ < OK >をクリックすると、まとめて PDF に変換されます。

SECTION 110 PDFの作成　対応バージョン Standard / Pro

PDFのファイルサイズを小さくする

PDFは優れたデジタル文書用フォーマットですが、ファイルサイズが大きくなりがちという弱点があります。ただし、AcrobatにはPDFのファイルサイズを小さくする機能があり、PDFのバージョンの互換性を制限すれば、ファイルサイズを圧縮できます。

ファイルサイズを小さくする

❶ PDFを開いた状態で<ファイル>をクリックし、

❷ <その他の形式で保存>をクリックして、

❸ <サイズが縮小されたPDF>をクリックします。

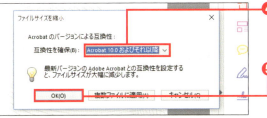

❹ 「互換性を確保」で、互換性を確保するPDFのバージョンを選択し、

❺ < OK >をクリックします。

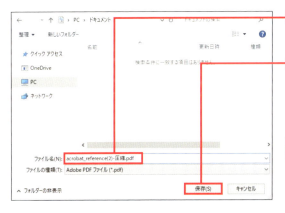

❻ 保存先のフォルダを表示してファイル名を入力し、

❼ <保存>をクリックすると、圧縮されます。

MEMO　互換性と圧縮率

手順❹で互換性を制限すればするほど、圧縮率は高くなります。

167

対応バージョン　Pro

SECTION 111
PDFの作成
PDFを最適化する

PDFをインターネットなどで公開する場合には、ユーザーデータやしおりを削除するなど、用途に合わせた最適化が必要です。Acrobat ProでPDFの画像やフォントなどを細かく最適化すれば、PDFのファイルサイズをさらに削減することも可能です。

≫ PDFを最適化する

❶ PDFを開いた状態で＜ファイル＞をクリックし、

❷ ＜その他の形式で保存＞をクリックして、

❸ ＜最適化されたPDF＞をクリックします。

❹ 画像を圧縮するには、＜画質＞をクリックし、

❺ 任意の画像の種類の「画質」で画質を選択します。

MEMO　画質と圧縮率

画質が低いほど、圧縮率は高くなります。

❻ フォントを最適化するには、＜フォント＞をクリックし、

❼ 埋め込みを解除するフォントをクリックして、

❽ ＜埋め込みを解除＞をクリックします。

168

❾ しおりを破棄するには、＜オブジェクトを破棄＞をクリックし、

❿ 「しおりを破棄」にチェックを付けます。

⓫ 注釈やフォーム、マルチメディアを破棄するには、＜ユーザーデータを破棄＞をクリックし、

⓬ 「すべての注釈、フォーム、マルチメディアを破棄」にチェックを付けます。

⓭ PDFをWeb用に最適化するには、＜最適化＞をクリックし、

⓮ 「PDFをWeb表示用に最適化」にチェックを付けます。

⓯ 設定が完了したら、＜OK＞をクリックします。

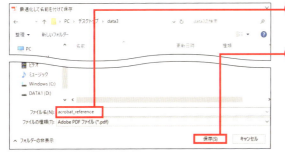

⓰ 保存先のフォルダを表示してファイル名を入力し、

⓱ ＜保存＞をクリックすると、最適化されたPDFが保存されます。

対応バージョン　Standard　Pro

SECTION 112
より高品質なPDFを作成する
PDFの作成

Acrobatには、さまざまなソフトからPDFを作成できる「Adobe PDF」という仮想プリンターが付属していますが、このAdobe PDFの設定を変更することによって、より高品質なPDFを作成することができます。ここでは、Officeで作成する場合を例に解説します。

より高品質なPDFを作成する

❶ Sec.102 手順❶〜❷を参考にOfficeの「印刷」画面を表示し、「プリンター」で＜Acrobat PDF＞を選択して、

❷ ＜プリンターのプロパティ＞をクリックします。

❸ 「PDF設定」で＜高品質印刷＞を選択し、

❹ 「システムフォントのみ使用し、文書のフォントを使用しない」のチェックボックスをクリックしてチェックを外して、

❺ ＜OK＞→＜印刷＞の順にクリックします。

❻ 保存先のフォルダを表示してファイル名を入力し、

❼ ＜保存＞をクリックすると、高品質なPDFが保存されます。

対応バージョン Standard Pro

SECTION 113
PDFの作成

PDFをグレースケールにする

カラフルな文書は見た目が美しいですが、内部用の業務文書ではグレースケールで十分な場合があります。そのような場合のために、AcrobatではグレースケールのPDFを作成できます。少しでもファイルサイズを小さくしたい場合にも、PDFのグレースケール化は有効です。

≫ PDFをグレースケールにする

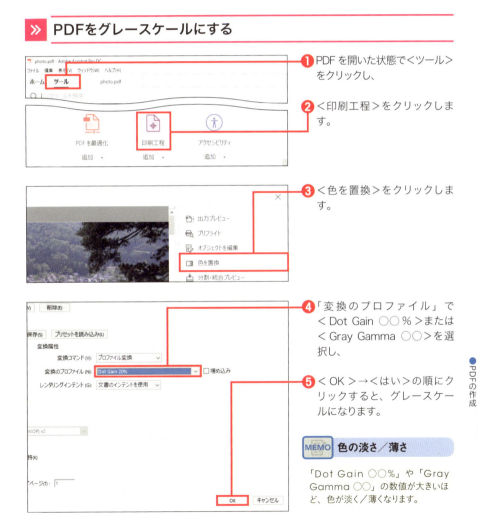

❶ PDFを開いた状態で＜ツール＞をクリックし、

❷ ＜印刷工程＞をクリックします。

❸ ＜色を置換＞をクリックします。

❹ 「変換のプロファイル」で＜Dot Gain ○○％＞または＜Gray Gamma ○○＞を選択し、

❺ ＜OK＞→＜はい＞の順にクリックすると、グレースケールになります。

MEMO 色の淡さ／薄さ

「Dot Gain ○○％」や「Gray Gamma ○○」の数値が大きいほど、色が淡く／薄くなります。

171

対応バージョン Standard Pro

SECTION 114 PDFの作成
PDF/A、PDF/X、PDF/Eで保存する

PDFには、ISOで定義された「PDF/A」「PDF/X」「PDF/E」と呼ばれる規格があります。PDF/Aは長期保存用、PDF/Xは印刷出版用、PDF/Eは工学分野で利用されるPDFで、Acrobatはこれらの形式で出力できるほか、解析/フィックスアップ（調整）の機能も備えています。

≫ PDF/A、PDF/X、PDF/Eで保存する

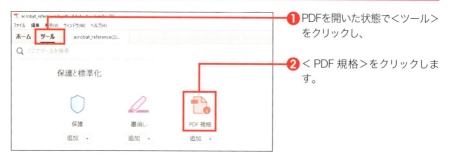

❶ PDFを開いた状態で＜ツール＞をクリックし、

❷ ＜PDF規格＞をクリックします。

❸ PDFの保存形式（ここでは＜PDF/Aとして保存＞）をクリックします。

❹ 保存先のフォルダを表示してファイル名を入力し、

❺ ＜設定＞をクリックします。

172

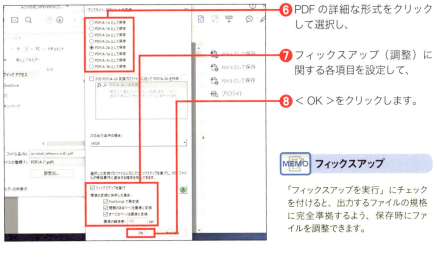

❻ PDFの詳細な形式をクリックして選択し、

❼ フィックスアップ（調整）に関する各項目を設定して、

❽ ＜OK＞をクリックします。

MEMO フィックスアップ

「フィックスアップを実行」にチェックを付けると、出力するファイルの規格に完全準拠するよう、保存時にファイルを調整できます。

❾ ＜保存＞をクリックすると、設定した規格でPDFが保存されます。

MEMO 出力上の注意点

PDFや設定によっては規格に完全準拠していないファイルが出力されてしまうことがあります。こういった場合には、「プリフライト」で正常なファイルが出力されるよう、事前にPDFをフィックスアップする必要があります（下記COLUMN参照）。

COLUMN

「プリフライト」を行う

プリフライトとは、規格に完全準拠するファイルを出力できるかどうかを解析したり、完全準拠するファイルを出力できるようPDFをあらかじめフィックスアップ（調整）したりする機能です。P.172手順❸の画面で＜プリフライト＞をクリックすると表示される「プリフライト」画面で、解析やフィックスアップができます。

●PDFの作成

第5章

173

対応バージョン　Standard　Pro

SECTION 115
PDFの作成

スキャナーでPDFを作成する

Acrobatでは、紙の文書や写真などをスキャナーで取り込み、PDFに変換することができます。スキャンの際に、白黒文書やカラー写真など、紙面に応じて最適な設定を選択することもできるため、より崩れの少ないスキャンが可能です。

≫ スキャナーでPDFを作成する

❶ パソコンと接続したスキャナーに紙面をセットした状態で、<ツール>をクリックし、

❷ <PDFを作成>をクリックします。

❸ <スキャナー>をクリックし、

❹ 任意のスキャナーを選択して、

❺ <スキャン>をクリックします。

MEMO　スキャンの最適化

「または定義済みのスキャン設定を使用」で紙面に適した項目をクリックすると、スキャンが最適化されます。

❻ スキャンが開始し、PDFが作成されます。

174

SECTION 116

PDFの作成

対応バージョン　Standard　Pro

スキャンした文書を編集／検索する

スキャナーは読み取る対象をすべて画像として扱いますが、AcrobatにはOCR機能が備わっているため、文字を認識して編集／検索することが可能です。なお、Acrobat Standardでは、検索のみ可能となっています。

≫ スキャンした文書を編集する

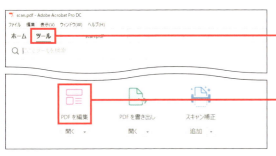

❶ スキャナーを使って作成したPDFを表示して＜ツール＞をクリックし、

❷ ＜PDFを編集＞をクリックします。

❸ OCR機能によって、自動的に文字の認識が行われます。

MEMO 初回の文字認識

初回の文字認識後には、認識に使用した言語が通知されます。＜設定＞をクリックすると、文字認識に使用する言語などを変更できます。

❹ 文字認識が完了すると、通常のPDFと同様に、PDF内の文字をテキストとして編集／検索できるようになります（Acrobat Standardでは検索のみ可能）。

175

SECTION 117 スキャンした文字を修正する

PDFの作成

対応バージョン　Standard　Pro

AcrobatのOCR機能は優秀ですが、画像として作成したPDFからの文字認識では読み取りミスがありがちで、人の目によるチェックと修正が不可欠です。そのためAcrobatには、文字認識でのエラーを自動的に抽出し、修正案とあわせて提示してくれる機能があります。

≫ スキャンをした文字を修正する

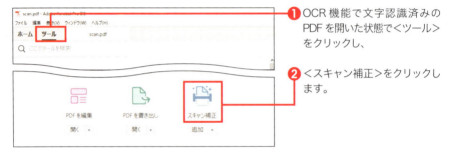

❶ OCR機能で文字認識済みのPDFを開いた状態で<ツール>をクリックし、

❷ <スキャン補正>をクリックします。

❸ <テキスト認識>をクリックし、

❹ <認識されたテキストを修正>をクリックします。

❺ エラー候補が表示されます。

❻ 必要があれば「次として認識」の文字列を修正します。

❼ <同意する>をクリックすると修正内容がPDFに反映され、次のエラー候補に移動します。

SECTION 118　PDFに署名を追加する

PDFの作成　　　　　　　　　　　　　　　　対応バージョン　Reader　Standard　Pro

PDFには署名を追加できます。ここでいう署名は、いわば紙の書類におけるサインです。作成した署名はPDFの認め印として利用できます。なお、後述する電子署名（Sec.129参照）とは異なり、改ざんや偽装を防止するものではありません。

PDFに署名を追加する

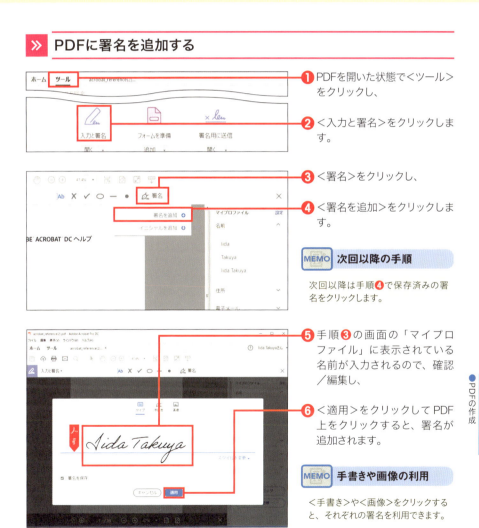

❶ PDFを開いた状態で＜ツール＞をクリックし、

❷ ＜入力と署名＞をクリックします。

❸ ＜署名＞をクリックし、

❹ ＜署名を追加＞をクリックします。

MEMO 次回以降の手順
次回以降は手順❹で保存済みの署名をクリックします。

❺ 手順❸の画面の「マイプロファイル」に表示されている名前が入力されるので、確認／編集し、

❻ ＜適用＞をクリックしてPDF上をクリックすると、署名が追加されます。

MEMO 手書きや画像の利用
＜手書き＞や＜画像＞をクリックすると、それぞれの署名を利用できます。

対応バージョン　Pro

SECTION 119　PDFの作成
アクションウィザードで PDFを作成する

PDFをWeb用に最適化したり、配布用に透かしやヘッダーなどを追加したりする場合、複数の処理を行う必要があります。こうした処理を一気に行いたい場合は、アクションウィザードを使いましょう。複数のPDFをまとめて処理する場合にも重宝します。

≫ アクションウィザードでPDFを作成する

❶ PDFを開いた状態で＜ツール＞をクリックし、

❷ ＜アクションウィザード＞をクリックします。

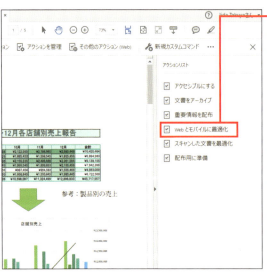

❸ 「アクションリスト」で、処理したい項目（ここでは＜Webとモバイルに最適化＞）をクリックします。

MEMO　そのほかの項目

「アクセシブルにする」では、OCRでのテキスト認識などが行われます。「文書をアーカイブ」では、PDF/Aに準拠した処理が行われます。「重要情報を配布」では、墨消しや暗号化が行われます。「スキャンした文書を最適化」では、テキスト変換などが行われます。「配布用に準備」では、透かしやヘッダーなどが追加できます。

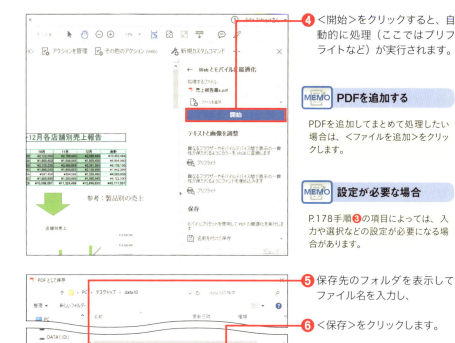

④ <開始>をクリックすると、自動的に処理(ここではプリフライトなど)が実行されます。

MEMO PDFを追加する

PDFを追加してまとめて処理したい場合は、<ファイルを追加>をクリックします。

MEMO 設定が必要な場合

P.178手順❸の項目によっては、入力や選択などの設定が必要になる場合があります。

⑤ 保存先のフォルダを表示してファイル名を入力し、

⑥ <保存>をクリックします。

⑦ PDFの保存が完了すると、「完了」と表示されます。

📎 COLUMN

新規アクションを作成する

「アクションリスト」に新規アクションを追加することもできます。P.178手順❸の画面で<新規アクション>をクリックし、「追加するツールを選択」で任意のアクションをダブルクリックして追加し、<保存>をクリックします。

SECTION
120
セキュリティ

対応バージョン　Reader　Standard　Pro

配布するPDFのセキュリティ

PDFの中には、たとえば企業の内部文書など、勝手に改ざんされたり、コピー/印刷されて持ち出されてしまったりすると困るものがあります。こういった機密性の高いデジタル文書の安全を確保するため、Acrobatにはさまざまなセキュリティ機能が備わっています。

≫ PDFのセキュリティとは

PDFの中には、無条件に改変やコピーができると困るものがあります。社内では共有する必要があるものの、社外に持ち出されると重大な情報漏えいにつながってしまうものがありますし、外部向けの製品紹介のパンフレットなども、改ざんされれば第三者に誤解を与えかねません。そのため、AcrobatはPDFに対して、さまざまなプロテクトをかけられるようになっています。PDFのプロテクトは、印刷、文書の変更、内容のコピー、注釈などのアクションに対してかけられるようになっており、「編集は不可だが注釈は可能にしたい」「編集もコピーも不可だが、印刷だけは許可したい」といった複雑なセキュリティにも、対応できるようになっています。

AcrobatはPDFのセキュリティを、「暗号化」「パスワード/デジタル証明書」「権限」の3つで守ります。PDFにセキュリティを設定するには、まずPDF全体を「暗号化」する必要があります。暗号化することで、対象のPDFは、正規の手順を踏まない限り利用できなくなります。

暗号化したPDFは、いわば金庫のようなものですが、その金庫の鍵にあたるのが「パスワード/デジタル証明書」です。パスワードはPDFを暗号化する際に指定する文字数列で、個人用途でも気軽に利用できます。デジタル証明書は公開鍵暗号をベースとする暗号鍵で、主に企業などでの利用に適しています。

そして最後に「権限」です。PDFには、閲覧に加えて、印刷、文書の変更、内容のコピーといったアクションごとに権限を設定できます。権限が「不許可」になっているアクションに対しては、パスワードまたはデジタル証明書によるアンロックを要求することで、対象のアクションからPDFを守ります。

◀ パスワードを設定することで、PDFの利用を制限することもできます。

PDFのセキュリティを確認する

❶ PDFを開いた状態で<ファイル>をクリックし、

❷ <プロパティ>をクリックします。

❸ <セキュリティ>をクリックすると、PDFのセキュリティ設定が確認できます。

❹ <詳細を表示>をクリックします。

MEMO セキュリティが未設定の場合

セキュリティが未設定の場合、<詳細を表示>をクリックすることはできません。

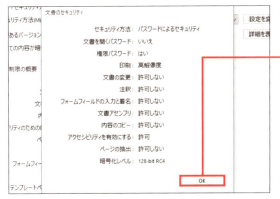

❺ さらに詳細なセキュリティ設定が確認できます。

❻ <OK>→<OK>の順にクリックして、画面を閉じます。

SECTION 121 セキュリティ 対応バージョン Pro

機密箇所を墨消しにする

機密性が高い文書を公開する場合、テキストや画像を黒で塗りつぶす「墨消し」が便利です。Acrobat Proの墨消し機能は、テキストや画像を削除したうえで黒ベタで置き換えるため、機密保全は万全で、特定のキーワードの一括墨消しも可能です。

≫ 機密箇所を墨消しにする

❶ PDFを開いた状態で＜ツール＞をクリックし、

❷ ＜墨消し＞をクリックします。

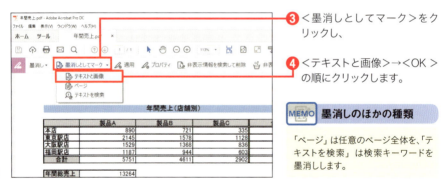

❸ ＜墨消しとしてマーク＞をクリックし、

❹ ＜テキストと画像＞→＜OK＞の順にクリックします。

MEMO 墨消しのほかの種類

「ページ」は任意のページ全体を、「テキストを検索」は検索キーワードを墨消しします。

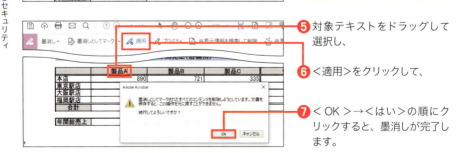

❺ 対象テキストをドラッグして選択し、

❻ ＜適用＞をクリックして、

❼ ＜OK＞→＜はい＞の順にクリックすると、墨消しが完了します。

182

SECTION 122 セキュリティ

PDFを暗号化する

対応バージョン Standard Pro

PDFには、閲覧自体や、編集、印刷、注釈といったアクションごとに、パスワードや公開鍵証明書によるプロテクトをかけられます。こうしたPDFのセキュリティ設定は「保護」バーから行い、セキュリティ設定を行ったPDFは暗号化されます。

PDFを暗号化する

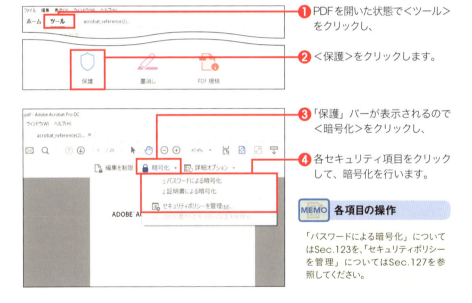

❶ PDFを開いた状態で<ツール>をクリックし、

❷ <保護>をクリックします。

❸ 「保護」バーが表示されるので<暗号化>をクリックし、

❹ 各セキュリティ項目をクリックして、暗号化を行います。

MEMO 各項目の操作

「パスワードによる暗号化」についてはSec.123を、「セキュリティポリシーを管理」についてはSec.127を参照してください。

「保護」バーのそのほかの項目

「保護」バーでは、暗号化のほかにもセキュリティ関連の設定を行うことができます。<編集を制限>をクリックすると、特定のアクションに対する保護を設定することができます(Sec.124参照)。<詳細オプション>をクリックすると、セキュリティの詳細を設定したりできます(Sec.125～126参照)。

183

SECTION 123 セキュリティ

対応バージョン　Standard　Pro

PDFをパスワードで保護する

PDFを保護するもっともかんたんな方法は、PDFをパスワードで保護することです。パスワードを設定してPDFを保護すれば、ブロックされているアクションにはパスワードが要求されるようになり、閲覧や編集、印刷といった項目ごとにユーザーのアクションを制限できます。

≫ PDFをパスワードで保護する

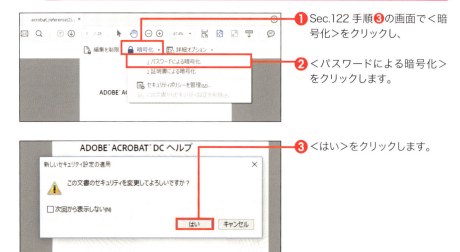

❶ Sec.122 手順❸の画面で＜暗号化＞をクリックし、

❷ ＜パスワードによる暗号化＞をクリックします。

❸ ＜はい＞をクリックします。

❹ 「文書を開くときにパスワードが必要」のチェックボックスをクリックしてチェックを付け、

❺ パスワードを入力します。

MEMO パスワードの強度

パスワードの右側に、パスワードの強度が色で表示されます。赤の場合は強度が低いため、パスワードを長くしたり複雑にしたりしましょう。

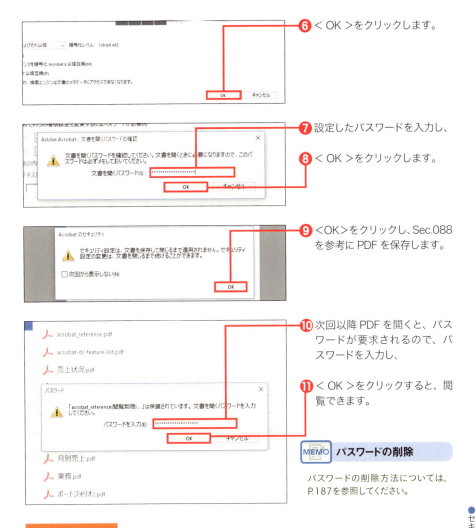

❻ < OK >をクリックします。

❼ 設定したパスワードを入力し、

❽ < OK >をクリックします。

❾ < OK >をクリックし、Sec.088 を参考に PDF を保存します。

❿ 次回以降 PDF を開くと、パスワードが要求されるので、パスワードを入力し、

⓫ < OK >をクリックすると、閲覧できます。

MEMO パスワードの削除

パスワードの削除方法については、P.187を参照してください。

COLUMN

暗号化の互換性を設定する

P.184手順❹の画面の「互換性のある形式」で、PDFの暗号化の互換性を設定できます。「Acrobat 6.0およびそれ以降」を選択すると、Acrobat 6.0以降で開けますが、PDFは暗号強度の低い「128ビット RC4」で暗号化されます。「Acrobat Xおよびそれ以降」を選択すると、Acrobat X以降でしか開けなくなりますが、暗号強度の高い「256ビット AES」で暗号化されます。デフォルトは「Acrobat 7.0およびそれ以降」で、バランスのよい「128ビット AES」で暗号化されます。

SECTION 124 セキュリティ
対応バージョン　Standard　Pro

PDFの編集を制限する

パスワードによるPDFの保護は、編集のような特定のアクションに対しても設定可能です。パンフレットなどは、多くの人に見てもらわないと意味がありませんが、改ざんされては困ります。この種の文書では閲覧には制限をかけず、編集だけを制限するとよいでしょう。

≫ PDFの編集を制限する

❶ Sec.122 手順❸の画面で＜編集を制限＞をクリックし、

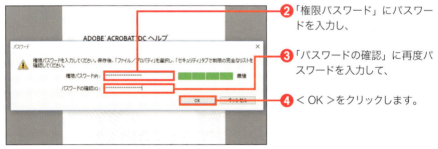

❷ 「権限パスワード」にパスワードを入力し、

❸ 「パスワードの確認」に再度パスワードを入力して、

❹ ＜OK＞をクリックします。

❺ ＜OK＞をクリックし、Sec.088 を参考に PDF を保存します。

❻ 以後、対象のPDFを編集しようとすると、パスワードが要求されるようになります。

MEMO コピーも制限される

編集だけでなく、文章のコピーなども同時に制限されます。

≫ PDFの制限を削除する

❶ Sec.122 手順❸の画面で＜暗号化＞をクリックし、

❷ ＜この文書からセキュリティ設定を削除＞をクリックします。

❸ ＜OK＞をクリックし、Sec.088を参考にPDFを保存すると制限が削除され、パスワードも削除されます。

MEMO PDF自体のパスワード

この操作を行うと、編集を制限する権限パスワードだけでなく、PDF自体のパスワード（Sec.123参照）も削除されます。

187

対応バージョン　Standard　Pro

SECTION
125
セキュリティ

PDFを印刷不可にする

写真集などのように画像中心のコンテンツは、印刷できてしまうと権利的に困る場合があります。こういったPDFは印刷できないように保護をかけると安心です。以下の手順では同時に編集も保護されますが、編集を許可したい場合はP.189COLUMNを参照してください。

》 PDFを印刷不可にする

❶ Sec.122 手順❸の画面で＜詳細オプション＞をクリックし、

❷ ＜セキュリティプロパティ＞をクリックします。

❸ 「セキュリティ方法」で＜セキュリティなし＞をクリックし、

❹ ＜パスワードによるセキュリティ＞をクリックします。

MEMO **パスワード設定済みの場合**

パスワード設定済みの場合は＜設定を変更＞をクリックします。

❺ 「文書の印刷および編集を制限～」にチェックを付け、

❻ 「印刷を許可」で＜許可しない＞を選択し、

❼ 「権限パスワードの変更」にパスワードを入力して、

❽ ＜ OK ＞をクリックし、画面の指示に従って進みます。

188

SECTION 126 セキュリティ

対応バージョン Standard Pro

PDF内のテキストを
コピー不可にする

一般公開されているPDFであっても、PDF内のテキストや画像には通常、著作権が存在します。そのため、PDF内のテキストや画像をコピーできてしまうと不都合なこともあります。そのような場合はあらかじめ、こうしたコピーを制限しておくべきです。

» PDF内のテキストをコピー不可にする

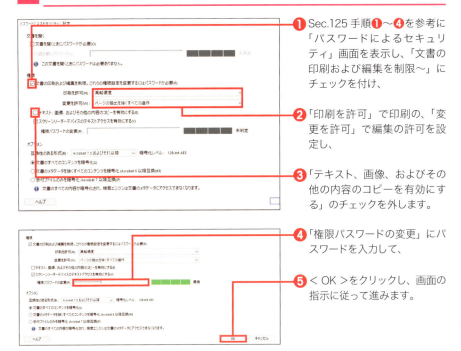

❶ Sec.125 手順❶～❹を参考に「パスワードによるセキュリティ」画面を表示し、「文書の印刷および編集を制限～」にチェックを付け、

❷ 「印刷を許可」で印刷の、「変更を許可」で編集の許可を設定し、

❸ 「テキスト、画像、およびその他の内容のコピーを有効にする」のチェックを外します。

❹ 「権限パスワードの変更」にパスワードを入力して、

❺ ＜OK＞をクリックし、画面の指示に従って進みます。

📎 COLUMN

印刷や編集の許可

初期状態の「パスワードによるセキュリティ」画面では、「印刷を許可」と「変更を許可」の双方で「許可しない」が選択されています。印刷や編集を許可したい場合は、手順❷でこれらの項目を「許可しない」から任意の項目に変更してください。

対応バージョン　Standard　Pro

SECTION 127 セキュリティ

セキュリティポリシーを設定する

AcrobatはPDFにさまざまな条件のセキュリティ設定を適用できますが、よく使うセキュリティの組み合わせは「セキュリティポリシー」として事前に登録しておくと便利です。これを利用すれば、文書のタイプごとに一貫性のあるセキュリティ設定をすぐに適用できます。

≫ セキュリティポリシーを作成する

❶ Sec.122 手順❸の画面で＜暗号化＞をクリックし、

❷ ＜セキュリティポリシーを管理＞をクリックします。

❸ ＜新規＞をクリックします。

❹ パスワードを使う場合は＜パスワードを使用＞を、公開鍵証明書を使う場合は＜公開鍵証明書を使用＞（ここでは＜パスワードを使用＞）をクリックし、

❺ ＜次へ＞をクリックします。

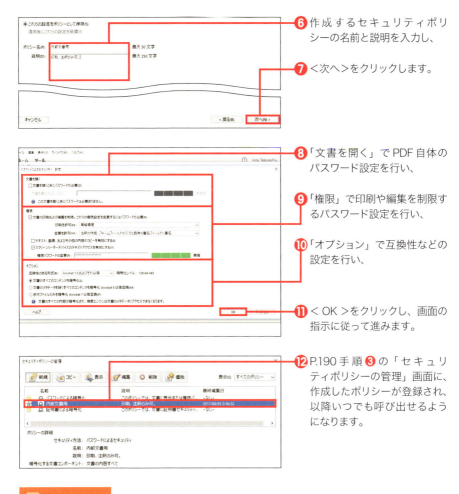

❻ 作成するセキュリティポリシーの名前と説明を入力し、

❼ ＜次へ＞をクリックします。

❽ 「文書を開く」でPDF自体のパスワード設定を行い、

❾ 「権限」で印刷や編集を制限するパスワード設定を行い、

❿ 「オプション」で互換性などの設定を行い、

⓫ ＜OK＞をクリックし、画面の指示に従って進みます。

⓬ P.190手順❸の「セキュリティポリシーの管理」画面に、作成したポリシーが登録され、以降いつでも呼び出せるようになります。

COLUMN

セキュリティポリシーを適用する

セキュリティポリシーを適用するには、PDFを開き、P.190手順❶の画面で＜暗号化＞をクリックし、作成したセキュリティポリシーをクリックします。＜はい＞→＜OK＞の順にクリックし、Sec.088を参考にPDFを保存します。

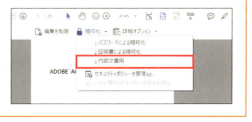

対応バージョン　Standard　Pro

SECTION
128
セキュリティ

PDFに透かしを追加する

PDFには「透かし」を入れられます。透かしとは、ページの背景にうっすらと浮かぶ文字や画像のことで、Acrobatでは任意のテキストや画像を透かしとしてPDFに追加できます。さらに、PDFを開いた際には表示せず、印刷時にだけ透かしを入れるようなことも可能です。

≫ PDFに透かしを追加する

① PDFを開いた状態で＜ツール＞をクリックし、

② ＜PDFを編集＞をクリックします。

③ … をクリックし、

④ ＜透かし＞をクリックして、

⑤ ＜追加＞をクリックします。

⑥ 「ソース」で透かしのタイプ（ここでは＜テキスト＞）をクリックし、

⑦ 透かしにしたい文字列を入力します。

MEMO　画像を追加する場合

画像を追加する場合は、＜ファイル＞→＜参照＞の順にクリックし、透かしに利用する画像ファイルを選択します。

192

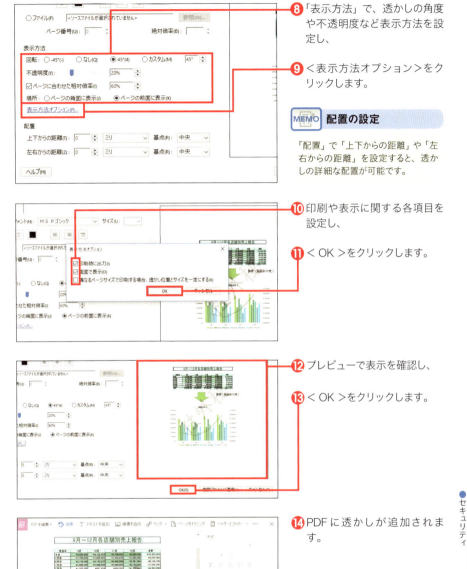

⑧「表示方法」で、透かしの角度や不透明度など表示方法を設定し、

⑨＜表示方法オプション＞をクリックします。

MEMO 配置の設定

「配置」で「上下からの距離」や「左右からの距離」を設定すると、透かしの詳細な配置が可能です。

⑩印刷や表示に関する各項目を設定し、

⑪＜ OK ＞をクリックします。

⑫プレビューで表示を確認し、

⑬＜ OK ＞をクリックします。

⑭PDF に透かしが追加されます。

MEMO 位置を調整する

透かしの枠をドラッグすると、位置を調整することができます。

193

SECTION 129 セキュリティ
デジタルIDを使って電子署名する

対応バージョン： Reader / Standard / Pro

AcrobatはPDFに電子署名できます。電子署名は、本人であることを証明する「デジタルID」を含む偽造困難な署名で、文書の改ざんや偽装を防げます。なお、Acrobatの電子署名には、「Self Sign ID」と呼ばれる簡易証明書のほか、認証機関による正規の証明書も利用可能です。

▶ デジタルIDで電子署名する

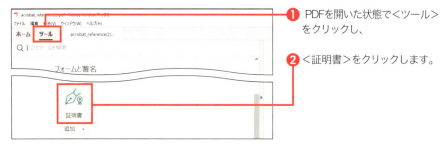

❶ PDFを開いた状態で<ツール>をクリックし、

❷ <証明書>をクリックします。

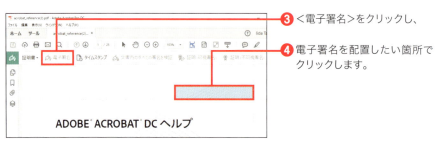

❸ <電子署名>をクリックし、

❹ 電子署名を配置したい箇所でクリックします。

❺ デジタルIDが未設定の場合はダイアログボックスが表示されるので、<デジタルIDを設定>をクリックします。

MEMO 設定済みの場合

すでに1つ以上のデジタルIDが設定済みの場合は、既存のデジタルIDの中から電子署名に利用するデジタルIDを選択して進められます。

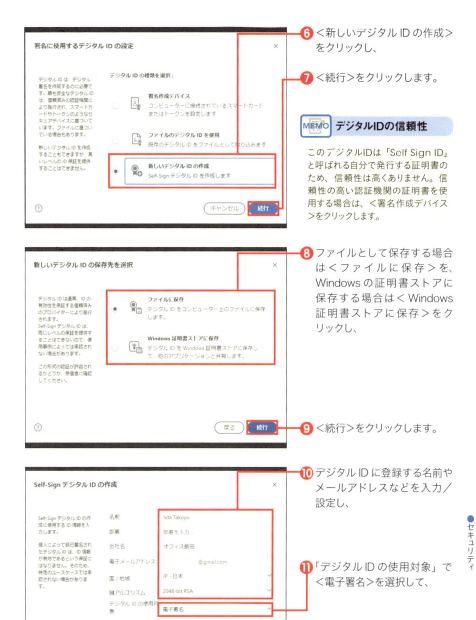

❻ <新しいデジタル ID の作成>をクリックし、

❼ <続行>をクリックします。

MEMO デジタルIDの信頼性

このデジタルIDは「Self Sign ID」と呼ばれる自分で発行する証明書のため、信頼性は高くありません。信頼性の高い認証機関の証明書を使用する場合は、<署名作成デバイス>をクリックします。

❽ ファイルとして保存する場合は<ファイルに保存>を、Windows の証明書ストアに保存する場合は< Windows 証明書ストアに保存>をクリックし、

❾ <続行>をクリックします。

❿ デジタル ID に登録する名前やメールアドレスなどを入力/設定し、

⓫ 「デジタル ID の使用対象」で<電子署名>を選択して、

⓬ <続行>をクリックします。

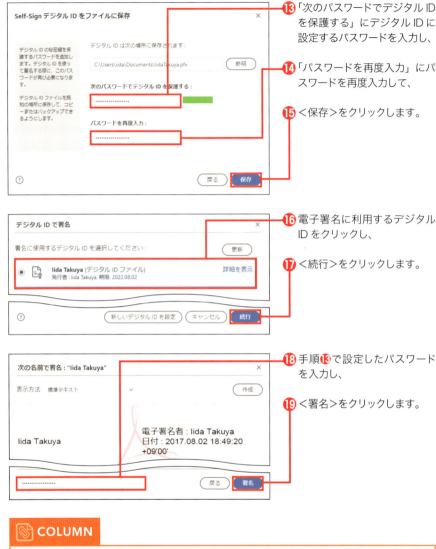

COLUMN

デジタルIDを管理する

作成したデジタルIDはいつでも削除や編集ができます。＜編集＞→＜環境設定＞の順にクリックして「環境設定」画面を表示し、「分類」の＜署名＞→「IDと信頼済み証明書」の＜詳細＞の順にクリックします。表示される「デジタルIDと信頼済み証明書の設定」画面で、デジタルIDの削除や編集が可能です。ここで＜IDを追加＞をクリックすると、デジタルIDを新しく追加できます。

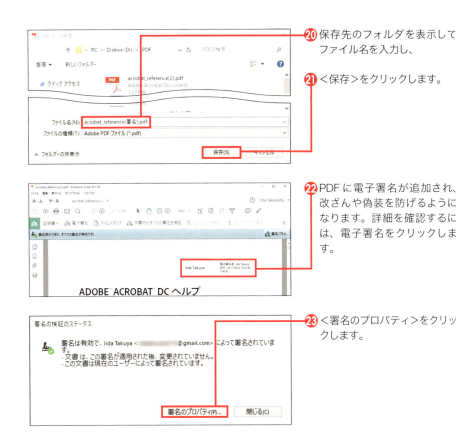

⑳ 保存先のフォルダを表示してファイル名を入力し、

㉑ <保存>をクリックします。

㉒ PDFに電子署名が追加され、改ざんや偽装を防げるようになります。詳細を確認するには、電子署名をクリックします。

㉓ <署名のプロパティ>をクリックします。

㉔ 「署名のプロパティ」画面が表示され、電子署名の詳細が確認できます。

㉕ <閉じる>をクリックすると、「署名のプロパティ」画面が閉じます。

197

SECTION 130 電子署名の証明書を送信する

対応バージョン：Reader / Standard / Pro

セキュリティ

電子署名が有効かどうかを閲覧者が確認するためには、PDFとは別に、電子署名の証明書を閲覧者に送信する必要があります。この証明書を閲覧者がAcrobatに取り込むことで、電子署名の有効性が確認でき、改ざんや偽装を防ぐことができます。

証明書を送信する

❶ P.197 手順㉔の画面で、＜署名者の証明書を表示＞をクリックします。

❷ ＜書き出し＞をクリックします。

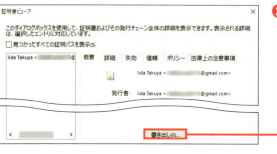

❸ メールで送信する場合は、＜書き出したデータを電子メールで送信＞をクリックし、

❹ ＜次へ＞をクリックします。

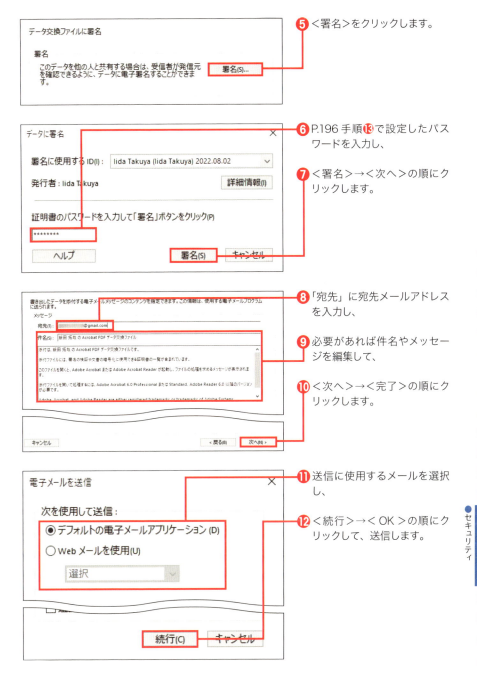

❺ <署名>をクリックします。

❻ P.196 手順⓭で設定したパスワードを入力し、

❼ <署名>→<次へ>の順にクリックします。

❽ 「宛先」に宛先メールアドレスを入力し、

❾ 必要があれば件名やメッセージを編集して、

❿ <次へ>→<完了>の順にクリックします。

⓫ 送信に使用するメールを選択し、

⓬ <続行>→< OK >の順にクリックして、送信します。

199

》 証明書を取り込む

❶ 証明書を取り込んでいない状態で、受信したPDFファイルを開き、電子署名をクリックします。

MEMO 信頼済み証明書の更新

初回は「信頼済み証明書の更新」画面が表示されるので、＜OK＞→＜OK＞の順にクリックして更新します。

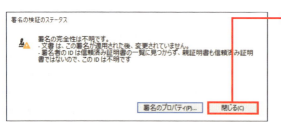

❷「署名の完全性は不明です。」と表示されることを確認し、＜閉じる＞をクリックします。

❸ 電子署名を検証できるようにするため、受信した証明書を取り込みます。証明書をダブルクリックして開き、＜信頼済み証明書の一覧に連絡先を追加＞をクリックします。

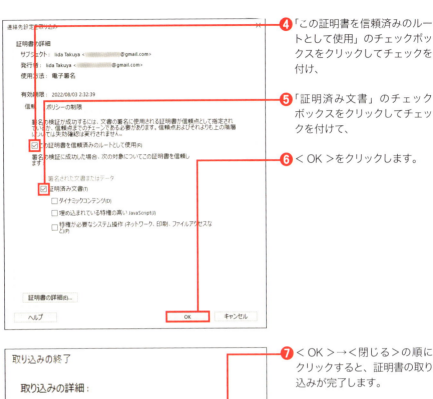

❹「この証明書を信頼済みのルートとして使用」のチェックボックスをクリックしてチェックを付け、

❺「証明済み文書」のチェックボックスをクリックしてチェックを付けて、

❻ < OK >をクリックします。

❼ < OK >→<閉じる>の順にクリックすると、証明書の取り込みが完了します。

❽ P.200 手順❶の PDF を開き直すと、「署名済みであり、すべての署名が有効です。」と表示されます。

201

対応バージョン: Reader / Standard / Pro

SECTION 131 セキュリティ
送信したPDFを誰が参照したか追跡する

AcrobatはメールやURLリンクを利用して、Document Cloud経由でPDFを共有することができます。Document Cloud経由での共有ならアップロードが一度で済むので効率的ですし、アクティビティ（共有状況）が記録されるため、誰がいつ参照したかを追跡することができます。

≫ PDFをオンラインで送信する

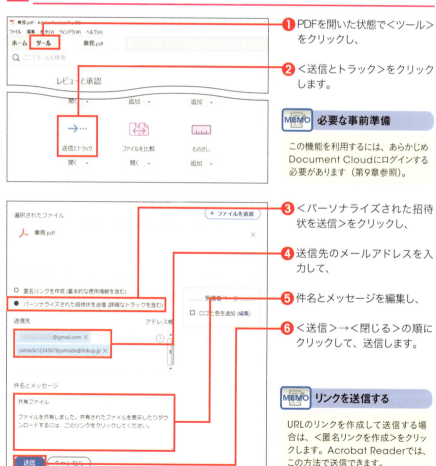

❶ PDFを開いた状態で＜ツール＞をクリックし、

❷ ＜送信とトラック＞をクリックします。

MEMO 必要な事前準備
この機能を利用するには、あらかじめDocument Cloudにログインする必要があります（第9章参照）。

❸ ＜パーソナライズされた招待状を送信＞をクリックし、

❹ 送信先のメールアドレスを入力して、

❺ 件名とメッセージを編集し、

❻ ＜送信＞→＜閉じる＞の順にクリックして、送信します。

MEMO リンクを送信する
URLのリンクを作成して送信する場合は、＜匿名リンクを作成＞をクリックします。Acrobat Readerでは、この方法で送信できます。

誰が参照したかを追跡する

❶ <ホーム>をクリックし、

❷ <送信済み>をクリックします。

❸ 送信済み一覧からアクティビティ（共有状況）を知りたいPDFをクリックし、

❹ <オンラインでトラック>をクリックします。

❺ Document Cloud上の対象のPDFが、Webブラウザで表示されます。

❻ <すべてのアクティビティを表示>をクリックします。

❼ 対象のPDFのアクティビティが相手の情報とともに表示されます。

> **MEMO　リンクを送信した場合**
>
> P.202手順❸で<匿名リンクを作成>をクリックして送信されたPDFの場合、相手によっては誰がプレビュー／ダウンロードしたかは表示されないことがあります。

SECTION **132** セキュリティ

対応バージョン　Reader　Standard　Pro

依頼した電子署名の ステータスを確認する

Acrobatには、Document Cloud経由でPDFへの署名を依頼する「Adobe Sign」と呼ばれるサービスがあります。文書の送信、署名依頼に加えて、依頼したPDFのステータスもリアルタイムで確認可能で、すべてのワークフローをデジタルで完結させられます。

▶ ほかのユーザーに電子署名を依頼する

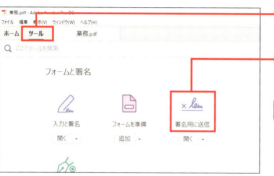

❶ PDFを開いた状態で＜ツール＞をクリックし、

❷ ＜署名用に送信＞をクリックします。

MEMO 必要な事前準備
この機能を利用するには、あらかじめDocument Cloudにログインする必要があります（第9章参照）。

❸ ＜送信準備完了＞（Acrobat Readerでは＜開始＞）をクリックします。

MEMO ファイルを追加する
＜ファイルを追加＞をクリックすると、署名を依頼するPDFを追加できます。

❹ 署名の依頼先のメールアドレスを入力して、

❺ 契約名（件名）とメッセージを入力し、

❻ ＜送信＞をクリックして、送信します。

≫ 依頼されたPDFに署名する

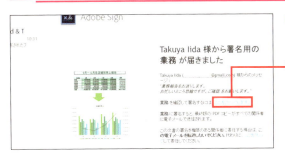

❶ PDFに署名を依頼されるとメールが届きます。

❷ <ここをクリックします。>をクリックします。

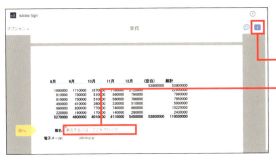

❸ Webブラウザで、署名を依頼されたPDFが表示されます。

❹ 画面右上の■をクリックし、

❺ <署名するには、ここをクリック>をクリックします。

❻ 署名を入力し、

❼ <適用>をクリックします。

❽ 署名が入力されたことを確認し、

❾ <クリックして署名>をクリックして、署名します。

第5章 セキュリティ

205

ステータスをリアルタイムで確認する

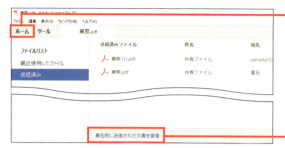

① <ホーム>をクリックし、

② <署名用に送信された文書を管理>をクリックします。

③ Web ブラウザで、署名を依頼した PDF の管理画面が表示されます。

④ 「署名用に送信」か「署名済み」で、確認したい署名の依頼先をクリックします。

⑤ 履歴をクリックします。

⑥ 対象の PDF のステータスがリアルタイムで確認できます。

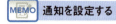
通知を設定する

<通知>をクリックすると、リマインダーを設定できます。期日が決まっている署名依頼はリマインダーを設定しておくと便利です。

第 **6** 章

PDFの校正とレビュー

SECTION 133 注釈機能

対応バージョン　Reader　Standard　Pro

PDFの注釈機能の使い方と校正

PDFの校正作業の主役となるのがAcrobatの豊富な注釈機能です。校正記号や多彩なスタンプ、図形やフリーハンドでの入力はもちろん、バージョンが異なるPDFの比較やネットワーク経由での校正作業の共有など、従来とは一線を画す先進的な校正作業が可能です。

≫ PDFの注釈機能の使い方と校正

豊富な注釈ツール

信頼が何より重要視されるビジネス文書では、文書自体の品質が極めて重要で、品質を高めるための綿密かつていねいな校正が欠かせません。そして、PDFの校正作業において主役となるのが、Acrobatの豊富な校正・注釈機能です。

Acrobatには、テキストの挿入や置換、取り消し、ハイライトといった一般的な校正に加えて、承認印や組織印として利用できる多彩なスタンプの追加、図形やフリーハンドでの入力など、あらゆる注釈機能が備わっています。そしてPDFに加えた注釈は、注釈データだけを出力してPDF本体とは別に送受信できるため、ページ数の多いPDFの注釈も、ネットワーク経由でかんたんにやりとりできます。

校正作業を共有できるドキュメントレビュー

Acrobatは、豊富な注釈ツールに加えて、紙媒体の文書では不可能な先進的な校正機能も多く備えています。中でもドキュメントレビュー機能は、とくにビジネス文書の作成では必須といえる校正機能です。

ドキュメントレビュー機能は、PDFの校正を複数のレビュワーの手で、「分担」ではなく「共有」して行うものです。メール、または共有フォルダを利用し、複数人の視点からPDFの校正を行うことで、文書の品質を飛躍的に高めることが可能です。

◀ さまざまなスタイルの注釈を使うことで、わかりやすく校正することができます。

≫ 「注釈」バーを表示する

❶ PDFを開いた状態で＜ツール＞をクリックします。

❷ ＜注釈＞をクリックします。

❸ 「注釈」バーが表示されます。PDFへの注釈は、この「注釈」バーを使って行います。

> **MEMO 注釈リスト**
>
> 追加した注釈は、画面右側の「注釈リスト」に一覧表示されます。詳細はSec.142を参照してください。

🔲 COLUMN

よく使う注釈ツールをクイックツールに追加する

よく使う注釈ツールは、ツールバー右側の「クイックツール」に追加しておくと便利です。クイックツールのカスタマイズ方法については、Sec.009COLUMNを参照してください。なお、Acrobat Readerではクイックツールはカスタマイズできません。

SECTION 134 注釈機能

テキストの削除や修正を指示する

対応バージョン　Reader　Standard　Pro

単語や送りがなが間違っている場合、テキストの削除や修正を指示する必要があります。「注釈」バーの「テキストに取り消し線を引く」ツールを使うとテキストの削除を、「置換テキストにノートを追加」ツールを使うとテキストの修正を指示できます。

≫ テキストの削除を指示する

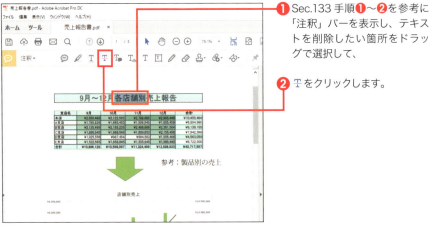

❶ Sec.133 手順❶〜❷を参考に「注釈」バーを表示し、テキストを削除したい箇所をドラッグで選択して、

❷ T をクリックします。

❸ テキストが横線で取り消されます。

210

テキストの修正を指示する

❶ Sec.133 手順❶～❷を参考に「注釈」バーを表示し、テキストを修正したい箇所をドラッグで選択して、

❷ をクリックします。

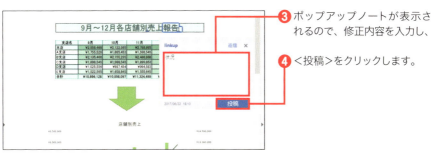

❸ ポップアップノートが表示されるので、修正内容を入力し、

❹ <投稿>をクリックします。

❺ 入力したテキストが注釈として書き込まれます。

📎 COLUMN

「テキストに取り消し線を引く」ツールと「置換テキストにノートを追加」ツールの違い

「テキストに取り消し線を引く」ツールと「置換テキストにノートを追加」ツールの違いは、注釈マーク追加時にテキスト入力用ポップアップノートが開くかどうかだけです。また、「テキストに取り消し線を引く」ツールなどの注釈であっても、注釈マークを右クリックしてポップアップノートを開けば、テキストを記述できます（Sec.143参照）。

SECTION 135 テキストの挿入を指示する

注釈機能

対応バージョン　Reader　Standard　Pro

単語が抜け落ちていたり、送りがなが不足していたりする場合には、テキストの挿入を指示する必要があります。「注釈」バーの「カーソルの位置にテキストを挿入」ツールを使うと、PDFのテキストに挿入マークを追加して、自由にテキストを記述できます。

≫ テキストの挿入を指示する

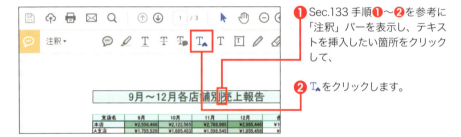

❶ Sec.133 手順❶～❷を参考に「注釈」バーを表示し、テキストを挿入したい箇所をクリックして、

❷ T▲ をクリックします。

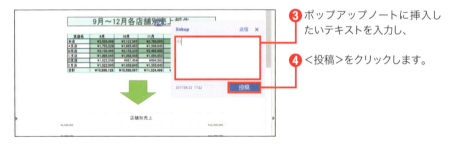

❸ ポップアップノートに挿入したいテキストを入力し、

❹ <投稿>をクリックします。

❺ 入力したテキストが注釈として書き込まれます。

❻ × をクリックすると、ポップアップノートが閉じます。

MEMO テキストの表示

注釈マークにマウスポインターを合わせると、挿入したテキストが表示されます。

212

対応バージョン　Reader　Standard　Pro

SECTION 136 注釈機能
テキストにハイライトを付ける

PDFは自由にテキストのフォントや太字・斜体を変更できますが、この種の訂正は「テキストをハイライト表示」ツールで行うとよいでしょう。なお、ハイライト注釈はほかの注釈マークより目立つため、目立ちづらい注釈マークのかわりとして利用するのも有効です。

≫ テキストにハイライトを付ける

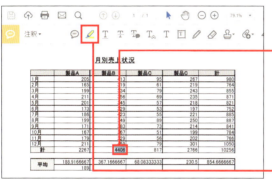

❶ Sec.133 手順❶〜❷を参考に「注釈」バーを表示し、ハイライトを付けたい箇所をドラッグで選択して、

❷ 🖍をクリックします。

❸ テキストがハイライト表示されます。

🗒 COLUMN

複数箇所にハイライトを付ける

「テキストをハイライト表示」ツールは、何もテキストを選択していない状態でも、🖍をクリックするとアクティブになります。この状態のときにテキストをドラッグすれば、複数個所にすばやくハイライトを付けられます。なお、「テキストをハイライト表示」ツールのアクティブ状態は、ほかの注釈ツールのアイコンをクリックすると、解除されます。

213

対応バージョン Reader Standard Pro

SECTION 137 ノート注釈を追加する

注釈機能

PDF上のおおまかな場所に注釈を付けたい場合は、PDF上にアイコンとして注釈を追加できる「ノート注釈」を使用するとよいでしょう。アイコンにはさまざまなデザインがあり、内容に応じて使い分けるとよりわかりやすくなります。

≫ ノート注釈を追加する

❶ Sec.133 手順❶〜❷を参考に「注釈」バーを表示し、💬をクリックします。

❷ ノート注釈を追加したい箇所をクリックし、

❸ ポップアップノートにテキストを入力して、

❹ <投稿>をクリックします。

❺ 入力したテキストが注釈として書き込まれます。

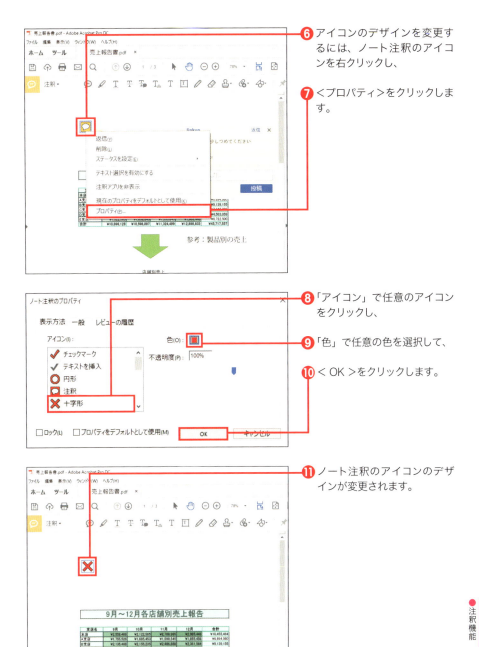

❻ アイコンのデザインを変更するには、ノート注釈のアイコンを右クリックし、

❼ <プロパティ>をクリックします。

❽ 「アイコン」で任意のアイコンをクリックし、

❾ 「色」で任意の色を選択して、

❿ < OK >をクリックします。

⓫ ノート注釈のアイコンのデザインが変更されます。

対応バージョン | Reader | Standard | Pro

SECTION 138 注釈機能
注釈やハイライトの色を変更する

初期状態では、テキストの挿入や置換のマークは青、テキストの取り消しのマークは赤、ハイライトは黄色ですが、こうした注釈マークやハイライトの色は自由に変更可能で、色の不透明度も設定できます。注釈が目立ちづらい場合などに、色を変えるとよいでしょう。

注釈やハイライトの色を変更する

❶ Sec.133 手順❶〜❷を参考に「注釈」バーを表示し、色を変更したい注釈やハイライトをクリックして、

❷ をクリックします。

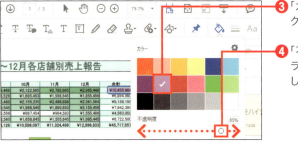

❸「カラー」で任意の色をクリックし、

❹「不透明度」の○を左右にドラッグして、不透明度を調整します。

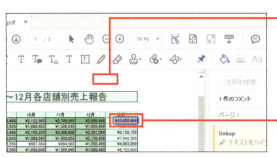

❺ PDF の空白部分をクリックします。

❻ 注釈やハイライトの色が変更されます。

対応バージョン Reader Standard Pro

SECTION 139 注釈機能
テキストボックスを使って指示する

Acrobatの注釈にはコメントを記述できますが、長文での込み入った指示の場合は「テキストボックス」の利用がおすすめです。テキストボックスは任意のサイズで設置可能なため長文が入力できるほか、ほかの注釈ツールと異なり常時表示されるメリットもあります。

テキストボックスを使って指示する

❶ Sec.133 手順❶～❷を参考に「注釈」バーを表示し、□ をクリックして、

❷ テキストボックスを配置する領域をドラッグして、指定します。

❸ テキストボックス内にテキストを入力します。

MEMO テキストの書式

Aaから吹き出しで表示される領域で、フォントの種類や文字のサイズ／色などの書式を設定できます。

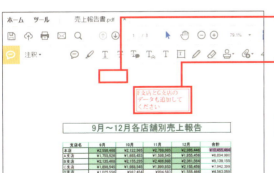

❹ PDFの空白部分をクリックします。

❺ テキストボックスが追加されます。

MEMO サイズや形の変更

テキストボックスをクリックして枠をドラッグすることで、テキストボックスのサイズや形を変更できます。

217

対応バージョン　Reader　Standard　Pro

SECTION 140 フリーハンドで注釈を付ける

注釈機能

Acrobatの「フリーハンドの線を描画」ツールを使えば、フリーハンドでPDF上に注釈を付けられます。マウスではフリーハンドの描き込み操作はやや難しいですが、ペンタブレットなどを使えば、紙媒体の文書に描画する場合と変わらない感覚で注釈を付けられます。

フリーハンドで注釈を付ける

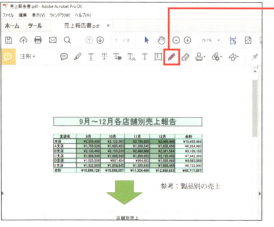

❶ Sec.133 手順❶〜❷を参考に「注釈」バーを表示し、✏をクリックします。

❷ 線の太さを変える場合は、≡をクリックし、

❸ ○を左右にドラッグして、調整します。

 色を設定する

色を設定したい場合は、◇をクリックし、Sec.138手順❸〜❹を参考に設定します。

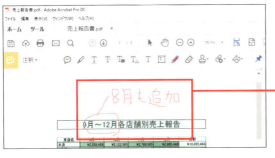

❹ PDF 上に、マウスのドラッグやペンタブレットの描き込みで、自由に注釈を付けます。

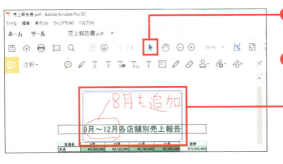

❺ 注釈の描き込みが終わったら、▶をクリックし、

❻ 追加した注釈をクリックして選択します。

❼ 枠の四隅や辺をドラッグして、注釈のサイズや位置を調整します。

COLUMN

注釈の一部を消去する

フリーハンドで追加した注釈の場合、任意の一部を消去することができます。✐をクリックし、描画したフリーハンドの注釈をドラッグすると、消去できます。なお、描画全体の削除方法はほかの注釈と同じです（Sec.147参照）。

●注釈機能

219

SECTION 141 スタンプや電子印鑑を押す

注釈機能　対応バージョン　Reader　Standard　Pro

ビジネスでは書類に判を押す場面がありますが、Acrobatの「スタンプを追加」ツールならPDF上でかんたんに判が押せます。「承認済」「極秘」「却下」といった使用頻度の高いものに加えて、自分の名前の入った電子印鑑やオリジナルのスタンプも使用可能です。

スタンプ電子印鑑を押す

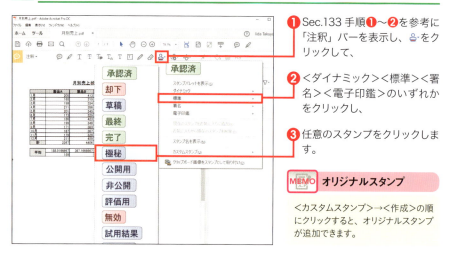

❶ Sec.133 手順❶～❷を参考に「注釈」バーを表示し、をクリックして、

❷ <ダイナミック><標準><署名><電子印鑑>のいずれかをクリックし、

❸ 任意のスタンプをクリックします。

MEMO オリジナルスタンプ

<カスタムスタンプ>→<作成>の順にクリックすると、オリジナルスタンプが追加できます。

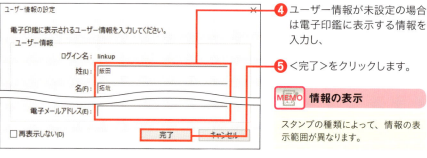

❹ ユーザー情報が未設定の場合は電子印鑑に表示する情報を入力し、

❺ <完了>をクリックします。

MEMO 情報の表示

スタンプの種類によって、情報の表示範囲が異なります。

❻ スタンプを追加したい部分をクリックして、追加します。

対応バージョン　Reader　Standard　Pro

SECTION 142
注釈機能

注釈を一覧表示する

PDFに追加した注釈は一覧表示できます。「注釈リスト」と呼ばれるこのパネルは、かんたんに表示／非表示を切り替えられます。また、ページごとに注釈の一覧の表示／非表示を切り替えることもでき、目的の注釈をすばやく把握することが可能です。

注釈を一覧表示する

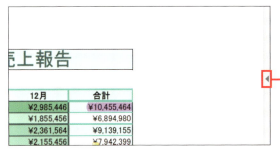

❶ 画面右側のツールパネルウィンドウが表示されていない場合は、◀をクリックします。

❷ <注釈>をクリックします。

MEMO　注釈ツールの使用直後

注釈ツールの使用直後は、手順❸の「注釈リスト」が直接表示されます。

❸ ツールパネルウィンドウに注釈リストが表示されます。

❹ <ページ○>をクリックすると、そのページの注釈の表示／非表示を切り替えられます。

❺ 各項目をクリックすると、該当する注釈が表示されます。

221

SECTION 143 注釈にコメントする

対応バージョン: Reader / Standard / Pro

注釈機能

PDFに追加した注釈には、それぞれ「コメント」を記入できます。テキストの挿入や置換では、注釈追加時にコメントもあわせて入力できますが、テキストの取り消しやハイライトのように、初期状態ではコメントが付かない注釈ツールに補足説明を加える際に便利です。

≫ 注釈にコメントする

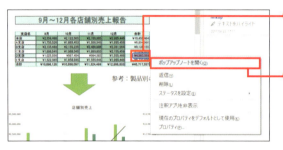

❶ Sec.133 手順❶～❷を参考に「注釈」バーを表示し、注釈を右クリックして、

❷ <ポップアップノートを開く>をクリックします。

❸ 注釈に付けたいコメントを入力し、

❹ <投稿>をクリックします。

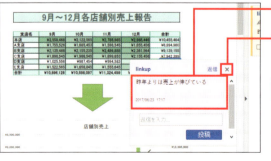

❺ 注釈にコメントが付きます。

❻ ×をクリックすると、ポップアップノートが閉じます。

MEMO テキストの表示

注釈マークにマウスポインターを合わせると、挿入したテキストが表示されます。

SECTION
144 注釈に返信する

対応バージョン　Reader　Standard　Pro

注釈機能

注釈にはコメントが記入できますが、記入できるコメントは1つに限られているわけではありません。「返信」の形でさらにコメントを追加することも可能です。とくに複数人で校正作業を行う際に、意思疎通の手段として便利です。

≫ 注釈に返信する

❶ Sec.133 手順❶〜❷を参考に「注釈」バーを表示し、注釈をクリックして、

❷ 注釈リストの入力欄に返信内容を入力し、

❸ <投稿>をクリックします。

❹ 注釈に返信が追加されます。

MEMO 返信を削除する

返信を右クリックし、<削除>をクリックすると削除できます。

COLUMN

ポップアップノートで返信する

ポップアップノートで返信することもできます。注釈を右クリックし、<返信>をクリックすると、ポップアップノートの返信入力欄が表示されます。返信内容を入力し、<投稿>をクリックすると、注釈に返信が追加されます。

223

対応バージョン　Reader　Standard　Pro

SECTION 145 注釈を検索する

注釈機能

大量の注釈が追加されたPDFでは目的の注釈を探し出すのが大変ですが、Acrobatの注釈リストでは、特定のキーワードを含む注釈を検索できます。また、注釈の絞り込み機能を使うと、注釈の作成者や種類、注釈の色といった条件で注釈の絞り込みができます。

≫ 注釈を検索する

❶ Sec.133 手順❶〜❷を参考に「注釈」バーを表示し、<注釈を検索>をクリックします。

❷ 検索したいキーワードを入力すると、キーワードを含む注釈が絞り込まれます。

❸ 任意の注釈をクリックすると、該当箇所が表示されます。

COLUMN 条件で注釈を絞り込む

条件で注釈を絞り込みたい場合は、手順❶の画面で▽をクリックします。<レビュー担当者><種類><ステータス><カラー>の4つから、注釈の絞り込み条件を選択できます。また、<すべての注釈を表示><すべての注釈を隠す>をクリックすると、すべての注釈の表示／非表示を切り替えられます。

224

SECTION 146 注釈機能

対応バージョン Reader / Standard / Pro

マウスオーバーで注釈を自動的に開く

初期状態のAcrobatでは、注釈をマウスオーバーしてもコメントは表示されないか、最小限の表示のみされる設定になっています。ただし、校正作業ではマウスオーバーした際に注釈が自動表示されると便利なこともあるため、必要な場合は自動表示設定に切り替えましょう。

≫ マウスオーバーで注釈を自動的に開く

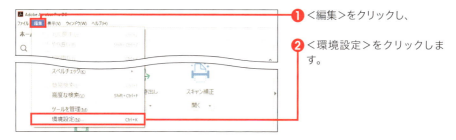

❶ ＜編集＞をクリックし、

❷ ＜環境設定＞をクリックします。

❸ 「分類」で＜注釈＞をクリックし、

❹ 「マウスのロールオーバーでポップアップを自動的に開く」のチェックボックスをクリックしてチェックを付け、

❺ ＜OK＞をクリックします。

❻ 注釈が付けられたファイルを開き、注釈にマウスポインターを合わせると、

❼ ポップアップノートが自動的に開きます。

第6章 注釈機能

225

SECTION 147 注釈機能

注釈を削除する

対応バージョン: Reader / Standard / Pro

間違って入れてしまった注釈は、いつでも削除できます。注釈の削除は、注釈自体を右クリックすると表示されるメニューから可能です。なお、注釈を削除すると、注釈に記述されているテキストもあわせて削除されるので注意が必要です。

挿入した注釈を削除する

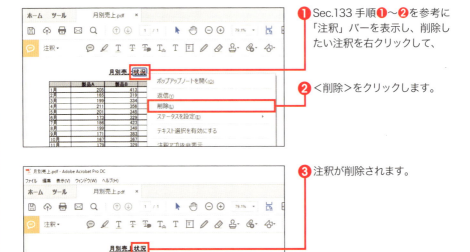

❶ Sec.133 手順❶～❷を参考に「注釈」バーを表示し、削除したい注釈を右クリックして、

❷ <削除>をクリックします。

❸ 注釈が削除されます。

COLUMN

「注釈リスト」から削除する

注釈は、画面右側の「注釈リスト」から削除することもできます。Sec.142を参考に注釈リストを表示し、リスト上の注釈を右クリックして、<削除>をクリックします。

SECTION 148 注釈の一覧を作成する

注釈機能

対応バージョン Standard / Pro

多数の注釈が付けられたPDFを読む場合は、注釈だけの一覧があると便利です。そのため「注釈リスト」がありますが、注釈だけを別のPDFとして開き、タブを使って随時切り替えられるようにすれば、注釈リストに作業画面を狭められることなく、注釈一覧を確認できます。

≫ 注釈の一覧を作成する

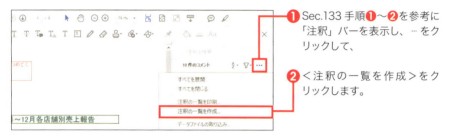

❶ Sec.133 手順❶〜❷を参考に「注釈」バーを表示し、…をクリックして、

❷ <注釈の一覧を作成>をクリックします。

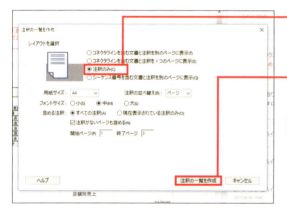

❸ 注釈だけの一覧を作成したい場合は、「レイアウトを選択」で<注釈のみ>をクリックし、

❹ <注釈の一覧を作成>をクリックします。

MEMO もとのPDFも表示する

もとのPDFもあわせて表示するには、手順❸で<シーケンス番号を含む文書と注釈を別のページに表示>をクリックします。

❺ 注釈一覧が別の PDF として作成され、Acrobat の新規タブで表示されます。

●注釈機能

第6章

227

SECTION 149 注釈機能

対応バージョン Reader / Standard / Pro

注釈データをやりとりする

PDFにはさまざまな注釈を追加できますが、共有相手がもとのPDFを所持している場合は、「注釈を加えたPDF」ではなく「注釈だけ」のファイルをやりとりすると便利です。注釈だけのファイルは非常にサイズが小さく、メールなどでかんたんにやりとりできます。

注釈だけのファイルを書き出す

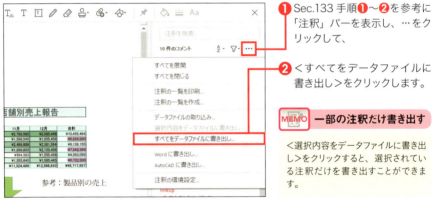

❶ Sec.133 手順❶～❷を参考に「注釈」バーを表示し、…をクリックして、

❷ <すべてをデータファイルに書き出し>をクリックします。

MEMO 一部の注釈だけ書き出す

<選択内容をデータファイルに書き出し>をクリックすると、選択されている注釈だけを書き出すことができます。

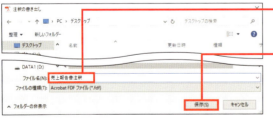

❸ 保存先のフォルダを表示してファイル名を入力し、

❹ <保存>をクリックします。

❺ 注釈だけのファイルが FDF 形式で保存されます。

注釈だけのファイルをPDFに取り込む

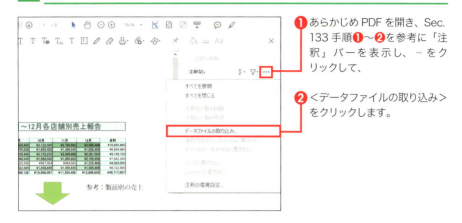

❶ あらかじめPDFを開き、Sec.133手順❶〜❷を参考に「注釈」バーを表示し、… をクリックして、

❷ <データファイルの取り込み>をクリックします。

❸ 注釈だけのファイルをクリックして選択し、

❹ <開く>をクリックします。

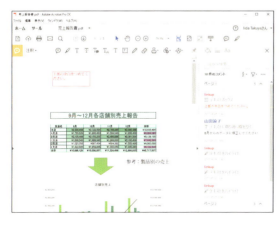

❺ 注釈データが取り込まれ、PDF上に反映されます。

MEMO バージョンが異なる場合

注釈を加えたAcrobatと、注釈を取り込むAcrobatのバージョンに違いがあると、注意を促すウィンドウが表示されます。<はい>をクリックすると取り込みが実行されますが、注釈が正常に取り込めない場合があります。

SECTION 150 便利な機能

対応バージョン　Reader　Standard　Pro

図形や矢印を描いて指示する

Acrobatの注釈機能は、校正記号だけではなく、円や長方形といった図形や矢印も利用できます。たとえば図表の移動や入れ替え、置換などの指示には、図形や矢印の注釈が向いています。図形や矢印の注釈にテキストを追加できるため、明確な指示が可能です。

図形や矢印を描いて指示する

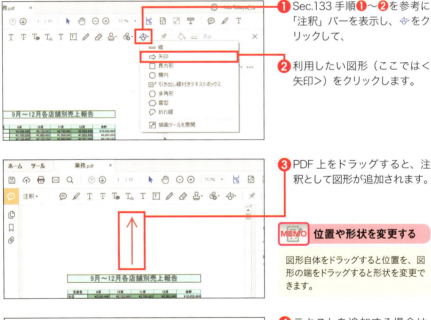

❶ Sec.133 手順❶～❷を参考に「注釈」バーを表示し、をクリックして、

❷ 利用したい図形（ここでは<矢印>）をクリックします。

❸ PDF 上をドラッグすると、注釈として図形が追加されます。

MEMO　位置や形状を変更する

図形自体をドラッグすると位置を、図形の端をドラッグすると形状を変更できます。

❹ テキストを追加する場合は、図形を右クリックし、

❺ <ポップアップノートを開く>をクリックして、Sec.135 手順❸～❹を参考にテキストを追加します。

SECTION 151 便利な機能

対応バージョン　Reader　Standard　Pro

図形の線の色や太さを変更する

Acrobatの図形や矢印の注釈は、線の色や太さを自由に変更できます。図形や矢印の注釈は、初期状態のAcrobatでは線の太さが最小になっており、やや目立ちづらくなっているため、用途に応じて調整し、よりわかりやすくするとよいでしょう。

図形の線の色や太さを変更する

❶ 線の色や太さを変更したい図形の注釈をクリックし、

❷ ◊ をクリックします。

❸ <境界>をクリックし、

❹ 任意の色をクリックして、線の色を変更します。

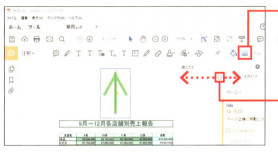

❺ ≡ をクリックし、

❻ 「線の太さ」の○を左右にドラッグして、線の太さを変更します。

231

SECTION 152 図形の塗りつぶし色を変更する

対応バージョン　Reader　Standard　Pro

便利な機能

長方形や楕円、多角形といった図形の注釈では、図形の内部を色で塗りつぶせます。注釈は最前面に表示されるため、塗りつぶすと背後のテキストや図表が見えなくなることがありますが、透明度を調整すれば背後を隠すことなく図形を塗りつぶすことも可能です。

≫ 図形の塗りつぶし色を変更する

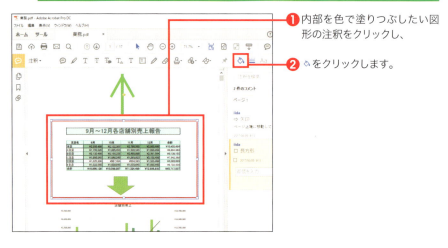

❶ 内部を色で塗りつぶしたい図形の注釈をクリックし、

❷ をクリックします。

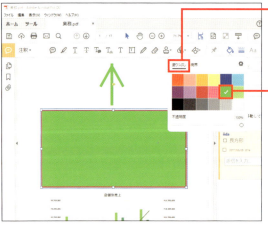

❸ ＜塗りつぶし＞をクリックし、

❹ 任意の色をクリックして、塗りつぶし色を設定します。

MEMO　塗りつぶしと透明度

透明度を調整すれば、背後を隠すことなく図形を塗りつぶせます。透明度の調整についてはSec.153を参照してください。

SECTION 153 便利な機能

図形の透明度を変更する

対応バージョン： Reader / Standard / Pro

注釈は最前面に追加されるため、図形の注釈によって、背後のテキストや図表が見えなくなってしまうことがあります。ただし、図形の注釈の色は透明度の設定ができ、透明度を調整すれば、背後を覆い隠してしまうことなく図形を配置することが可能です。

▶ 図形の透明度を変更する

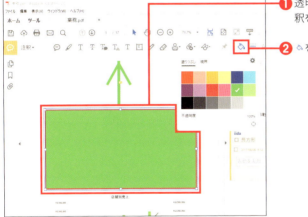

❶ 透明度を変更したい図形の注釈をクリックし、

❷ をクリックします。

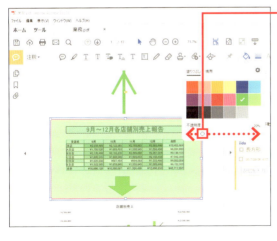

❸ 「不透明度」の○を左右にドラッグして、不透明度を変更します。

MEMO　線の透明度も連動する

図形の塗りつぶし色と線の不透明度は連動しているため、どちらも同時に変更されます。

233

SECTION 154 便利な機能

図形のプロパティをデフォルトにする

対応バージョン　Reader　Standard　Pro

図形や矢印の注釈は自由に線の太さや色を変更できますが、図形を配置するたびにこの種の設定をくり返すのは面倒です。Acrobatでは、設定済みの図形の設定内容を「デフォルト」として登録できるため、いつも同じ設定を使う図形にはこれを活用すると便利です。

≫ 図形のプロパティをデフォルトにする

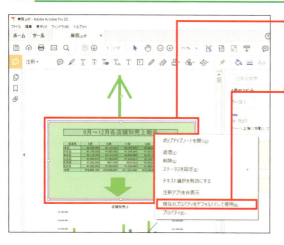

❶ デフォルトとして記憶したい図形の注釈を右クリックし、

❷ <現在のプロパティをデフォルトとして使用>をクリックすると、設定がデフォルトに登録されます。

❸ Sec.150 手順❶～❸を参考に同じ図形を作成すると、デフォルトに登録した設定が適用されます。

MEMO　デフォルトの適用範囲

デフォルトの適用範囲は、登録した図形に限られます。たとえば長方形の設定内容をデフォルトとして登録すると、長方形を作成した場合のみデフォルトの設定が反映されます。

SECTION 155 図形を削除する

便利な機能

対応バージョン： Reader / Standard / Pro

PDFに追加した図形の注釈は、いつでも削除できます。削除は右クリックから開くメニューと、「注釈リスト」の双方から可能です。なお、図形の注釈を削除すると、通常の注釈と同様に、注釈に付加されているテキストもあわせて削除されることに注意しましょう。

≫ 図形を削除する

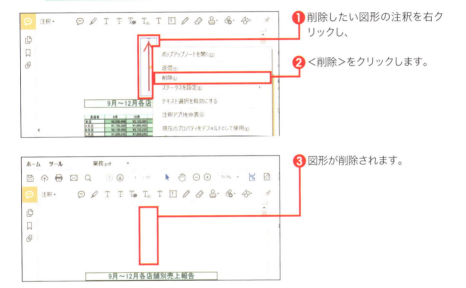

❶ 削除したい図形の注釈を右クリックし、

❷ ＜削除＞をクリックします。

❸ 図形が削除されます。

COLUMN

注釈リストで図形を削除する

注釈リスト上で図形を右クリックし、＜削除＞をクリックすることでも、図形を削除できます。複数の図形をまとめて削除する場合は、Shift キーや Ctrl キーを押しながら注釈リスト上で図形を選択して右クリックし、＜削除＞をクリックしましょう。

SECTION 156 便利な機能

ファイルを添付する

対応バージョン: Reader / Standard / Pro

校正作業では、作業の参考となるファイルを送ったり、音声で指示したりしたい場合があります。このような場合のためにAcrobatでは、ExcelやWordなどのファイルを添付したり、マイクから音声を録音して添付したりすることが可能です。

≫ ファイルを添付する

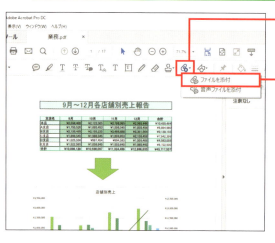

❶ Sec.133 手順❶〜❷を参考に「注釈」バーを表示し、 をクリックして、

❷ <ファイルを添付>をクリックします。

MEMO 音声ファイルを添付する

<音声ファイルを添付>をクリックすると、音声ファイルや、マイクから直接入力した音声データを添付できます（P.237COLUMN参照）。

❸ マウスカーソルがピンの形に変わったら、ファイルを添付する場所をクリックします。

④ 添付したいファイルをクリックして選択し、

⑤ <開く>をクリックします。

⑥ PDF 上に表示するアイコン（ここでは<クリップ>）をクリックし、

⑦ < OK >をクリックします。

⑧ ファイルが PDF に添付されます。

MEMO ファイルを開く

添付されたファイルは、ダブルクリックし、<OK>をクリックすると開きます。

COLUMN

音声を録音して添付する

音声ファイルを添付する場合は、P.236 手順②で<音声ファイルを添付>をクリックし、ファイルを添付したい場所をクリックします。表示される「サウンドレコーダー」で、既存のファイルを添付したり、その場で録音したファイルを添付したりできます。

SECTION 157 便利な機能

音声で読み上げてもらう

対応バージョン　Reader　Standard　Pro

Acrobat Proには、PDFのテキストを音声で読み上げるスクリーンリーダー機能があります。スクリーンリーダーは、とくに視覚障害者にとって便利な機能ですが、テキストの音声化は誤字・脱字のチェックなどにも役立つため、用途に応じて活用するとよいでしょう。

≫ 音声で読み上げてもらう

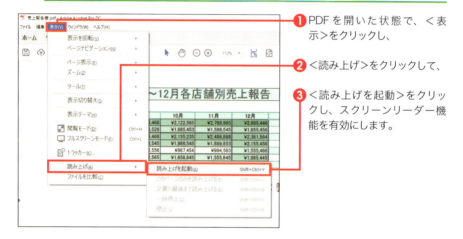

❶ PDFを開いた状態で、＜表示＞をクリックし、

❷ ＜読み上げ＞をクリックして、

❸ ＜読み上げを起動＞をクリックし、スクリーンリーダー機能を有効にします。

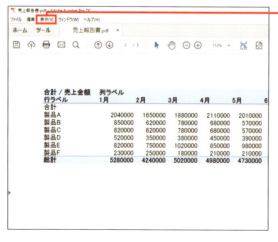

❹ 音声で読み上げさせたいページを表示し、＜表示＞をクリックします。

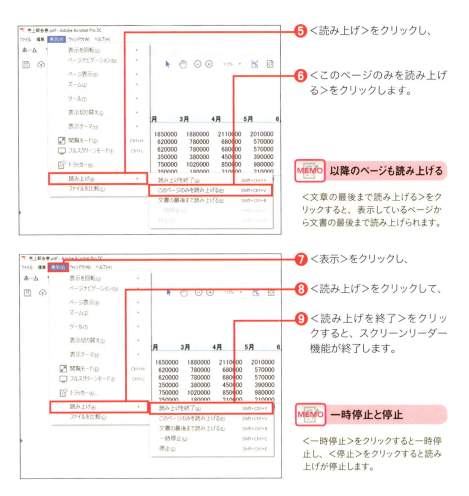

❺ <読み上げ>をクリックし、

❻ <このページのみを読み上げる>をクリックします。

MEMO 以降のページも読み上げる

<文章の最後まで読み上げる>をクリックすると、表示しているページから文書の最後まで読み上げられます。

❼ <表示>をクリックし、

❽ <読み上げ>をクリックして、

❾ <読み上げを終了>をクリックすると、スクリーンリーダー機能が終了します。

MEMO 一時停止と停止

<一時停止>をクリックすると一時停止し、<停止>をクリックすると読み上げが停止します。

COLUMN

読み上げの設定を変更する

<編集>→<環境設定>の順にクリックして「環境設定」画面を表示し、「分類」で<読み上げ>をクリックすると、音声読み上げ時のボリュームや、読み上げに使う音声、読み上げ方法などを設定できます。設定が完了したら、<OK>をクリックします。

SECTION 158 便利な機能

対応バージョン　Pro

2つのPDFの内容を比較する

Acrobat Proには2つのPDFの内容を比較し、差異を自動検出する機能があります。この機能は同一PDFの別バージョンの比較で力を発揮し、「どこを編集したか忘れた」「編集箇所を探し出せない」といった校正時によくある悩みをすばやく解決してくれます。

≫ 2つのPDFの内容を比較する

❶ 比較元 PDF（古いバージョン）を開いた状態で、＜ツール＞をクリックし、

❷ ＜ファイルを比較＞をクリックします。

❸ 「新しいファイル」の🗎をクリックします。

MEMO　ファイルを変更する

＜ファイルを変更＞をクリックすると、比較するファイルを変更できます。

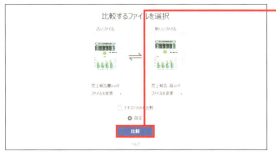

❹ 比較先 PDF（新しいバージョン）をクリックして選択し、

❺ <開く>をクリックします。

❻ <比較>をクリックします。

MEMO テキストのみ比較する

「テキストのみを比較」のチェックボックスをクリックしてチェックを付けると、テキストのみが比較されます。

❼ 比較結果が表示されます。新旧2つの PDF を左右に並べた状態で表示され、比較結果がグラフや各要素ごとに表示されます。

❽ <次の変更>をクリックします。

❾ 検出された最初の変更箇所が表示されます。

MEMO 隣の変更箇所へ移動する

<次の変更><前の変更>をクリックすることで、隣の変更箇所へ順番に移動できます。

241

SECTION 159 便利な機能 対応バージョン Pro

2つのPDFの比較箇所にコメントする

Sec.158の手順で2つのPDFの内容を比較したあと、その比較箇所にミスなどがある場合は、比較箇所の注釈にコメントを付けるとよいでしょう。コメントは、「返信」の形で投稿することができます。

2つのPDFの比較箇所にコメントする

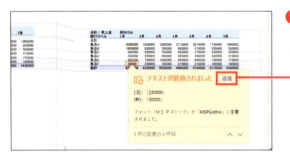

❶ Sec.158 手順❾の画面でコメントを付けたい比較箇所を表示し、＜返信＞をクリックします。

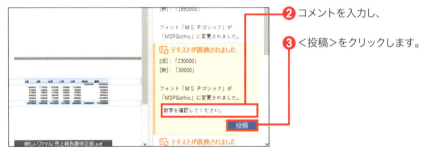

❷ コメントを入力し、

❸ ＜投稿＞をクリックします。

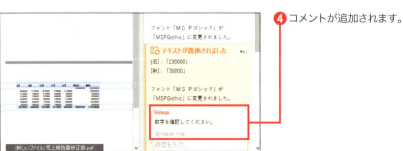

❹ コメントが追加されます。

SECTION 160 便利な機能

対応バージョン Pro

フィルターで絞り込んでPDFを比較する

ファイルの比較機能で検出した2つのPDFの相違点は、「フィルター」を使うと、テキストや画像、ヘッダー／フッターといったオブジェクトの種類ごとに表示できます。相違点が多いPDFでは、フィルター機能を使って相違点を絞り込むと作業効率が上がります。

» フィルターで絞り込んでPDFを比較する

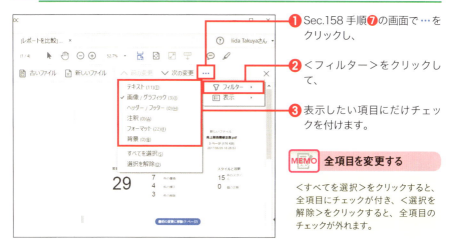

❶ Sec.158 手順❼の画面で … をクリックし、

❷ ＜フィルター＞をクリックして、

❸ 表示したい項目にだけチェックを付けます。

MEMO 全項目を変更する

＜すべてを選択＞をクリックすると、全項目にチェックが付き、＜選択を解除＞をクリックすると、全項目のチェックが外れます。

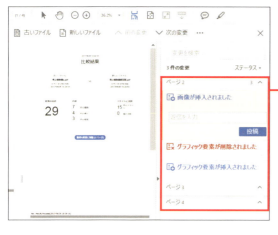

❹ Sec.008 COLUMN を参考にツールパネルウィンドウを表示すると、手順❸で選択した項目だけ表示されていることが確認できます。

SECTION 161 レビュー機能

対応バージョン　Reader　Standard　Pro

PDFの ドキュメントレビュー機能とは

Acrobatには、複数のレビュワーでPDFの校正を行うための「ドキュメントレビュー」と呼ばれる機能があります。ドキュメントレビューを利用すれば、複数の視点でPDFの校正を行うことができるため、文書の品質を飛躍的に高められます。

≫ PDFのドキュメントレビュー機能

何事も1人の力には限界がありますが、これは文書作成でも同じです。自分が書いた文章のミスにはなかなか気付かないもので、第三者による誤字や脱字、ミスのチェックは必須です。多くの人にとってわかりやすいものでなければならないビジネス文書では、こうした複数の校正者によるチェックは極めて重要で、校正者が多ければ多いほど、文書の質が高まるといっても過言ではありません。

そのため、Acrobatには複数のレビュワーにPDFの校正を依頼するための「ドキュメントレビュー」と呼ばれる機能があります。ドキュメントレビューを利用すれば、手元のPDFの校正を多くのユーザーに依頼することが可能で、「トラッカー」からレビューの現状確認や各種通知の受信、メッセージの送信、レビュワーの追加なども可能です。レビュー全体を容易に管理でき、とくにビジネス文書の作成では大きな力を発揮します。

▲「トラッカー」でレビュー全体をかんたんに管理することができます。

かんたんに利用できるメールベースのレビュー

Acrobatのドキュメントレビュー機能は、大きく分けて2つの方法で実現されます。1つは、「メール」を利用するレビューです。メールを利用するドキュメントレビュー機能は、まず依頼者がレビュワーにPDFを送付します。各々のレビュワーは送られてきたPDFに注釈を加えて依頼者に返信し、返信を受け取った依頼者が各レビュワーから返ってきた校正済みPDFの注釈をもとのファイルに結合します。メールベースのレビューの利点は、依頼者とレビュワーのメールアドレスがあればかんたんに利用できることです。なお、メールの送受信や注釈の結合は、Acrobat上で半自動化されています。

◀ メールベースのレビューなら、メールアドレスだけでかんたんに利用できます。

校正作業自体の共有が可能な共有レビュー

ドキュメントレビュー機能は、共有フォルダを利用する方法もあります。Acrobatは、LAN内の「ネットワークフォルダ」や「Microsoft SharePoint」、「Office 365」などのサービス、あるいは「WebDEVサーバー」などを利用した共有レビューが可能です。この方法では、依頼者が共有フォルダに対象のPDFをアップロードし、レビュワーがそれにアクセスして注釈を加えます。共有フォルダやサーバーの管理が必要になるものの、レビュワー同士も注釈を相互に確認できます。そのため、複数のレビュワーで校正を行うだけでなく、校正作業自体を共有でき、PDFの品質をよりスムーズに高められます。

◀ 共有フォルダを利用すれば、校正作業自体を共有できます。

対応バージョン　Standard　Pro

SECTION
162
レビュー機能

メールでレビューを依頼する

Acrobatのドキュメントレビューは、メールを利用して行うことが可能です。レビュー依頼先のメールアドレスさえわかっていればよく、共有フォルダのアクセス制限設定や、依頼先用アカウントの準備なども必要ないため、手軽にレビューを依頼できます。

≫ メールでレビューを依頼する

❶ 送信したい PDF を開いた状態で＜ツール＞をクリックし、

❷ ＜注釈用に送信＞をクリックします。

❸ ＜電子メールで注釈用に送信＞をクリックします。

MEMO　ユーザー情報の設定

「ユーザー情報」が未設定の場合は、「ユーザー情報の設定」画面が表示されるので、ユーザー情報を入力します。

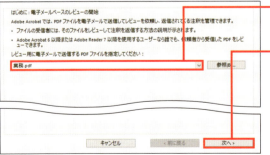

❹ 送信したい PDF が選択されていることを確認し、

❺ ＜次へ＞をクリックし、画面の指示に従って送信します。

MEMO　PDFを変更する

＜参照＞をクリックして別のPDFを選択することもできます。

246

SECTION 163 レビュー機能
対応バージョン Standard / Pro

ファイル共有でレビューを依頼する

Acrobatのドキュメントレビューが真に力を発揮するのは、ファイル共有を利用した共有レビューです。PDFをネットワーク経由で遠隔地の多数のユーザーと共有し、校正作業の共有も可能な共有レビューであれば、校正作業のパフォーマンスは飛躍的に向上します。

≫ ファイル共有でレビューを依頼する

❶ Sec.162 手順❶～❷を参考に「注釈用に送信」バーを表示し、＜共有注釈用に送信＞をクリックします。

❷「レビュー担当者から注釈をどのように収集しますか？」で注釈の収集方法（ここでは＜内部サーバーで注釈を自動的に収集＞）を選択し、

❸ ＜次へ＞をクリックします。

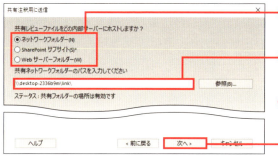

❹ 共有フォルダ／サーバーの種類をクリックし、

❺ 共有フォルダ／サーバーのパスを入力して、

❻ ＜次へ＞をクリックし、画面の指示に従って送信します。

対応バージョン　Standard　Pro

SECTION
164
レビュー機能

トラッカーで
レビューを管理する

Acrobatのドキュメントレビュー機能は、単にPDFを送信してレビューを依頼するだけではなく、依頼したPDFの状況確認や管理が「トラッカー」で可能です。トラッカーを利用すれば、依頼先をさらに追加したり、提案などのメッセージを送信することも可能です。

≫ トラッカーでレビューを管理する

❶ Sec.162 手順❶〜❷を参考に「注釈用に送信」バーを表示し、＜注釈をトラック＞をクリックします。

❷「トラッカー」画面が表示されます。画面左側のツリーの「レビュー」で、管理したいレビューをクリックします。

❸ レビューを依頼した日や依頼先、現在の状況などが確認できます。

MEMO　レビューで可能な操作

各レビュー画面では、レビュワーを追加したり（Sec.170参照）、レビュワーにメッセージを送信したりできます。

248

SECTION 165 レビュー機能

対応バージョン　Reader　Standard　Pro

注釈の表示名を変更する

ドキュメントレビュー機能を利用して複数人で校正作業を行う場合、誰がどの注釈を付けたのかがわからなくなると困ります。個々の注釈には作成者の表示名が自動的に付加されますが、関係者がわかりやすいものに変更しておくとよいでしょう。

注釈の表示名を変更する

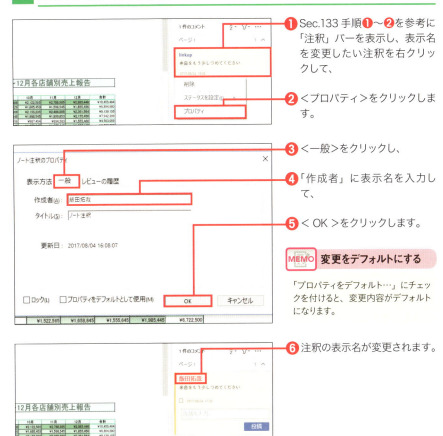

❶ Sec.133 手順❶～❷を参考に「注釈」バーを表示し、表示名を変更したい注釈を右クリックして、

❷ <プロパティ>をクリックします。

❸ <一般>をクリックし、

❹ 「作成者」に表示名を入力して、

❺ < OK >をクリックします。

MEMO 変更をデフォルトにする

「プロパティをデフォルト…」にチェックを付けると、変更内容がデフォルトになります。

❻ 注釈の表示名が変更されます。

SECTION 166
レビュー機能

回覧承認機能を付けて レビューを依頼する

対応バージョン Standard Pro

ビジネス文書の中には、複数の責任者の承認を得る必要があるものもあります。この種の文書のために、Acrobatにはメールを利用してPDFを回覧板のように回す機能が備わっています。承認がどこまで進んだかの通知を受けられるよう設定することも可能です。

≫ 回覧承認機能を付けてレビューを依頼する

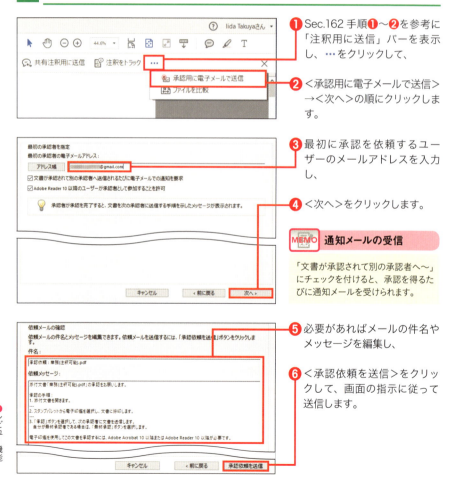

❶ Sec.162 手順❶〜❷を参考に「注釈用に送信」バーを表示し、…をクリックして、

❷ <承認用に電子メールで送信>→<次へ>の順にクリックします。

❸ 最初に承認を依頼するユーザーのメールアドレスを入力し、

❹ <次へ>をクリックします。

MEMO 通知メールの受信

「文書が承認されて別の承認者へ〜」にチェックを付けると、承認を得るたびに通知メールを受けられます。

❺ 必要があればメールの件名やメッセージを編集し、

❻ <承認依頼を送信>をクリックして、画面の指示に従って送信します。

レビューを依頼されたPDFを承認する

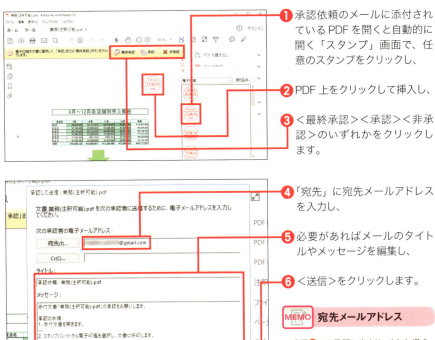

❶ 承認依頼のメールに添付されているPDFを開くと自動的に開く「スタンプ」画面で、任意のスタンプをクリックし、

❷ PDF上をクリックして挿入し、

❸ <最終承認><承認><非承認>のいずれかをクリックします。

❹ 「宛先」に宛先メールアドレスを入力し、

❺ 必要があればメールのタイトルやメッセージを編集し、

❻ <送信>をクリックします。

MEMO　宛先メールアドレス

手順❸で<承認>をクリックした場合は、「宛先」に次の承認者のメールアドレスを入力します。<最終承認>や<非承認>をクリックした場合は、依頼者のメールアドレスを入力します。

❼ 送信に利用するメールを選択し、

❽ <続行>→<OK>の順にクリックして、送信します。

SECTION 167
レビュー機能

対応バージョン　Reader　Standard　Pro

メールで依頼されたレビューを校正する

PDFのレビューを依頼されたら、校正して注釈を加え、依頼者に送り返します。レビューを依頼されたPDFの校正方法は、通常のPDFと変わりません。ここでは、メールで依頼されたレビューを校正する手順を解説します。

≫ メールで依頼されたレビューを校正する

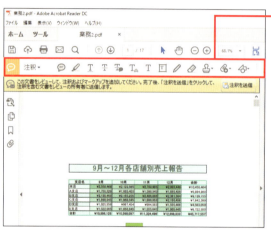

❶ レビュー依頼のメールに添付されているPDFを開くと、自動的に「注釈」バーが表示されます。

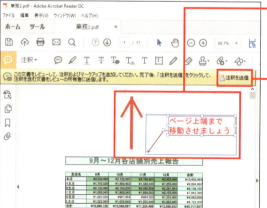

❷ 通常のPDFと同様に必要な注釈を追加し、

❸ 校正が終わったら＜注釈を送信＞をクリックします。

MEMO　他ユーザーの注釈の変更

ほかのユーザーが加えた注釈を改変しようとすると、警告が表示されます。ほかのユーザーが加えた注釈は原則として改変すべきでなく、必要な場合はコメントの返信で意見を表明しましょう。

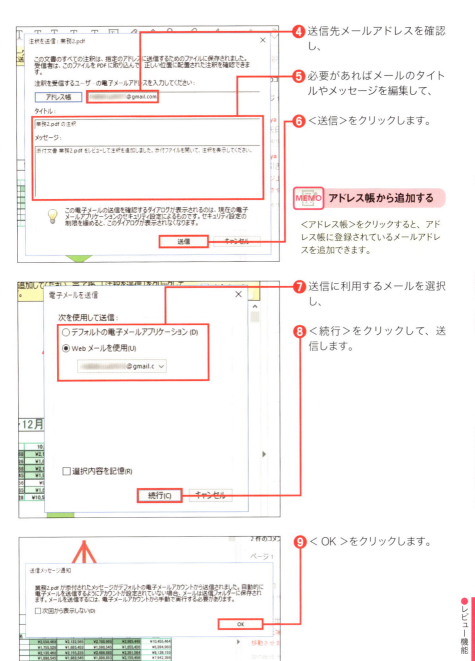

④ 送信先メールアドレスを確認し、

⑤ 必要があればメールのタイトルやメッセージを編集して、

⑥ ＜送信＞をクリックします。

MEMO アドレス帳から追加する

＜アドレス帳＞をクリックすると、アドレス帳に登録されているメールアドレスを追加できます。

⑦ 送信に利用するメールを選択し、

⑧ ＜続行＞をクリックして、送信します。

⑨ ＜OK＞をクリックします。

対応バージョン Reader / Standard / Pro

SECTION
168
レビュー機能

ファイル共有で依頼された
レビューを校正する

ファイル共有（Sec.163参照）によってレビューを依頼された場合は、メールで依頼された場合と校正・共有の手順が異なります。ファイル共有では、追加した注釈をリアルタイムで共有することができるため、急ぎの作業などで重宝します。

≫ ファイル共有で依頼されたレビューを校正する

❶ レビュー依頼のメールに添付（もしくはリンク）されているファイルを保存したうえで、ダブルクリックします。

❷「共有レビュー」画面が表示され、共有状況が確認できます。

❸ ＜ OK ＞をクリックします。

❹ 自動的に「注釈」バーが表示されます。

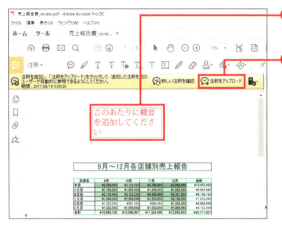

❺ 通常のPDFと同様に必要な注釈を追加し、

❻ 校正が終わったら＜注釈をアップロード＞をクリックします。

❼ 注釈データが共有され、各校正者が確認できるようになります。

COLUMN

アーカイブコピーを保存する

各校正者と共有するものとは別にPDFを保存しておきたい場合は、共有状態をリセットした「アーカイブコピー」を保存しましょう。 ▶→＜アーカイブコピーを保存＞の順にクリックすると、アーカイブコピーを保存できます。なお、アーカイブコピーからは、注釈データを共有することはできません。

対応バージョン　Standard　Pro

SECTION 169 レビュー機能
レビューを収集してPDFに反映する

レビューの依頼先から校正済みのデータが戻ってきたら、すべての校正データをPDFに反映しましょう。校正データ反映後のPDFは、もとのファイルに上書き保存することもできますし、もとのファイルをそのまま残し、新たに別名ファイルとして保存することも可能です。

≫ メールでレビューを収集してPDFに反映する

❶ 依頼先から届いた校正済みPDFを開くと、「注釈を統合しますか？」画面が表示されるので、＜はい＞をクリックします。

MEMO 校正済みPDFを開く

校正済みPDFをそのまま開くには、＜このコピーのみを開く＞をクリックします。

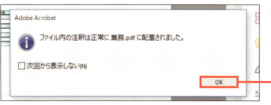

❷ ＜OK＞をクリックします。

❸ 自動的に「注釈」バーが表示され、校正作業を続けられます。

MEMO 別途保存が必要

注釈を反映しても、保存するまではもとのPDFが改変されることはありません。また、注釈反映済みのPDFを、新たに別名で保存することも可能です。

ファイル共有でレビューを収集してPDFに反映する

❶ ファイル共有でレビューを依頼したときに自動作成される共有用ファイルをダブルクリックし、＜OK＞をクリックします。

MEMO 共有用ファイルの場所

共有用ファイルは、もとのPDFと同じ場所に、ファイル名に「_review」が付加されて保存されます。

❷ 共有されている最新の注釈データが反映された状態でPDFが表示されます。

❸ 注釈データを更新するには、＜新しい注釈を確認＞をクリックします。

❹ ＜表示するにはここをクリックしてください＞をクリックします。

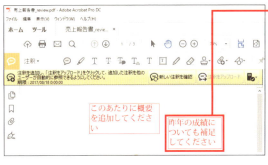

❺ 新しい注釈が反映されます。

MEMO 共有状態をリセットする

共有状態をリセットしたPDFを保存する場合は、Sec.168COLUMNを参考に、アーカイブコピーを保存しましょう。

257

対応バージョン Standard Pro

SECTION 170
レビュワーを追加する

レビュー機能

PDFの校正の依頼先であるレビュワーは、いつでも追加できます。ドキュメントレビューは多くの視点でPDFの品質を高めるための機能であり、レビュワーは多いほど効果的といえます。依頼できる相手が見つかったら積極的にレビュワーを追加するとよいでしょう。

≫ レビュワーを追加する

❶ Sec.162 手順❶〜❷を参考に「注釈用に送信」バーを表示し、＜注釈をトラック＞をクリックします。

❷ 「トラッカー」画面が表示されたら、レビュワーを追加したいレビューをクリックし、

❸ 「レビュー担当者」の＜レビュー担当者を追加＞をクリックします。

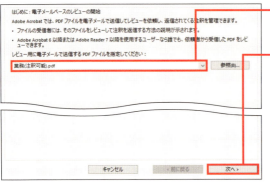

❹ 送信したい PDF が選択されていることを確認し、

❺ ＜次へ＞をクリックし、画面の指示に従って送信します。

MEMO ファイル共有の場合

ファイル共有（Sec.163参照）の場合は、送信先メールアドレスを入力して、＜送信＞をクリックします。

第 **7** 章

フォームの作成と集計

SECTION 171 フォームの基本

対応バージョン Standard Pro

フォームによる入力欄のあるPDF

Acrobatを使用すれば、入力欄のある「フォーム」を作成することができます。外部向けにアンケートフォームを作成したり、社内で見積書や申請書を作成したりする場合などに便利です。作成/編集はもちろん、記入してほしい相手に配布することもできます。

» フォームでできること

Acrobatでは、アンケートフォームや申請書といった、テキストの入力欄などを備えたフォームを作成することができます。Acrobat上で1から作成しなくとも、Excelで用意した表や、スキャンした紙のフォームを取り込むだけで、自動的に入力欄が認識されてフォームのPDFに変換できるため、すばやい作成が可能です。作成したPDFは、そのままAcrobat上でメールや共有フォルダ経由の配布/回収ができるため、アンケートなどの管理面でも無駄がありません。また、集計機能により、フォームを多く配布した場合でも、スピーディーにデータをまとめることができます。

◀ Excelで作成した表を取り込むだけで、自動的に入力欄を備えたフォームに変換されます。

◀ 配布したフォームは、集計用ファイルにまとめることができるため、スピーディーな内容把握が可能です。

フォームの豊富な機能

作成したフォームは、プロパティの変更や機能の追加などによって、自由に編集することができます。テキストフィールド（入力欄）の変更や追加はもちろん、チェックボックスやラジオボタンを追加したり、ドロップダウンメニューを追加したりすることもでき、さまざまな形式のフォームに対応可能です。Excelの表のように、数値の計算を行えるため、見積書のフォームを作成する場合などにも重宝します。

◀ Excelのように、行や列に入力された数字を計算することもできます。

入力以外のアクションも充実

フォームに追加できるのは、テキストフィールドやドロップダウンメニューといった、入力／項目選択のためのフィールドだけではありません。OKボタンと呼ばれるクリック可能なボタンを追加することもできます。たとえば、フォームを印刷するための「印刷」ボタンや、入力内容をクリアするための「クリア」ボタンを設けたい場合に便利です。また、電子署名フィールドを追加することもでき、相手から承認を得る場合にも役立ちます。

◀ ボタンやフィールドにはさまざまなアクションを設定できるため、より機能的なフォームに仕上げられます。

SECTION 172 フォームの作成

対応バージョン Standard Pro

フォームのもととなるExcel文書を用意する

フォームのもととなる文書の作成ではExcelを使用すると便利です。下罫線が引かれていたり、枠で囲われたりしているだけで、フォームを作成する際にフィールド（入力欄）として自動的に認識されるため、Excelではこうした下罫線や枠を加えながら文書を作成します。

≫ フォームのもととなるExcel文書を用意する

❶ Excelで、フォームのフィールド（入力欄）としたいセルを選択します。

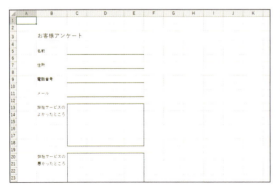

❷ ＜ホーム＞をクリックし、

❸ ▦の▼をクリックし、

❹ ＜下罫線＞（または＜外枠＞）をクリックして、下罫線を追加します。

❺ 同様に、フィールドにしたい部分に下罫線や外枠を追加しながら文書を作成します。

MEMO 作成上の注意点

フィールドのサイズが大きすぎると正しく認識されない場合があります。また、サイズが適切でもうまく認識されない場合は、Sec.100を参考にPDFに変換してから自動作成（Sec.173参照）するとよいでしょう。

SECTION 173 フォームを自動作成する

フォームの作成 / 対応バージョン Standard Pro

フォームは、Sec.172で作成したようなExcelファイルをAcrobatに取り込むだけで、自動的に作成することができます。なお、同様のフォーム形式の紙の文書をスキャンすることでも、フォームを作成することが可能です。

フォームを自動作成する

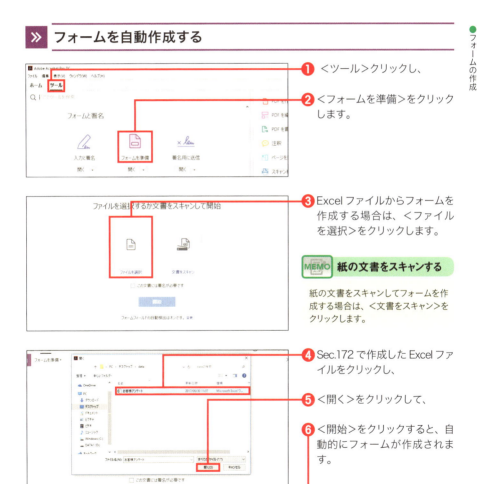

1. <ツール>クリックし、
2. <フォームを準備>をクリックします。
3. Excelファイルからフォームを作成する場合は、<ファイルを選択>をクリックします。

MEMO 紙の文書をスキャンする
紙の文書をスキャンしてフォームを作成する場合は、<文書をスキャン>をクリックします。

4. Sec.172で作成したExcelファイルをクリックし、
5. <開く>をクリックして、
6. <開始>をクリックすると、自動的にフォームが作成されます。

263

対応バージョン　Standard　Pro

SECTION 174 フォームの編集
フィールドの表示方法を変更する

作成したフォームのフィールドの表示方法は自動的に設定されますが、好みに合わせてアレンジしたいこともあるでしょう。入力する文字の書式や、フィールドの色など、自由に設定できるため、用途に応じて適切に変更するとよいでしょう。

≫ フィールドの表示方法を変更する

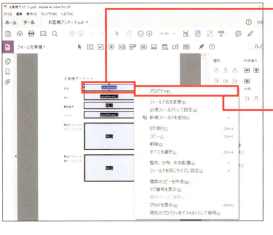

❶ 作成したフォームを開いた状態で、Sec.173 手順❶〜❷を参考に「フォームを準備」バーを表示し、プロパティを変更したいフィールドを右クリックして、

❷ <プロパティ>をクリックします。

MEMO 複数選択も可能

Ctrl キーや Shift キーを押しながらフィールドをクリックして、複数同時に選択することもできます。

❸ 「テキストフィールドのプロパティ」画面が表示されます。

❹ 入力する文字のサイズを指定する場合は、<表示方法>をクリックし、

❺ 「フォントサイズ」で任意のサイズを選択します。

❻ フィールドの塗りつぶし色を指定する場合は、「塗りつぶしの色」の色アイコンをクリックし、

❼ 任意の色をクリックして、

❽ <閉じる>をクリックします。

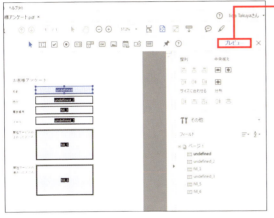

❾ プレビューを確認する場合は、<プレビュー>をクリックします。

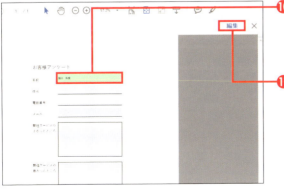

❿ プロパティを変更したフィールドに入力すると、変更が適用されていることが確認できます。

⓫ もとの編集画面に戻るには、<編集>をクリックします。

第7章 フォームの編集

265

SECTION 175 フィールド名を変更する

対応バージョン：Standard / Pro

フォームの編集

フィールドには、フォーム作成時に自動的にフィールド名が割り当てられます。そのままではフィールドが何に関するものであるのかがわかりにくいため、フィールド名を変更しておくと便利です。フィールド名も「テキストフィールドのプロパティ」画面で変更します。

» フィールド名を変更する

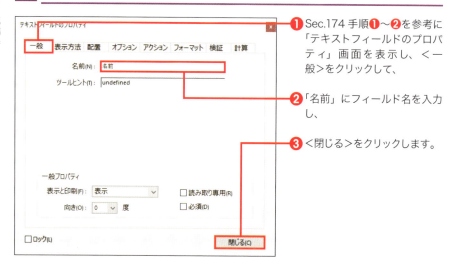

❶ Sec.174 手順❶〜❷を参考に「テキストフィールドのプロパティ」画面を表示し、＜一般＞をクリックして、

❷「名前」にフィールド名を入力し、

❸ ＜閉じる＞をクリックします。

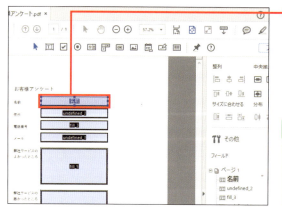

❹ フィールド名が変更されたことを確認します。

MEMO よりすばやく変更する

右側のタスクパネルウィンドウの「フィールド」で任意のフィールド名をクリックし、フィールド名を変更することもできます。

対応バージョン Standard Pro

SECTION 176
フォームの編集

ツールヒントを変更する

フィールドには、ツールヒントを設定することができます。ツールヒントとは、フィールドにマウスポインターを合わせた際に表示される、入力をサポートするメッセージのことです。かんたんな補足説明を加えたい場合などに設定するとよいでしょう。

ツールヒントを変更する

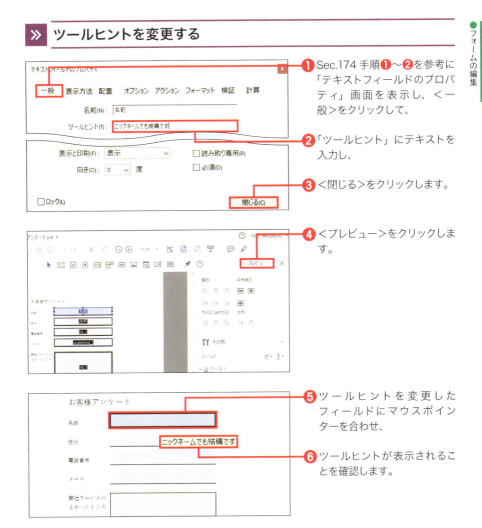

❶ Sec.174 手順❶～❷を参考に「テキストフィールドのプロパティ」画面を表示し、＜一般＞をクリックして、

❷「ツールヒント」にテキストを入力し、

❸ ＜閉じる＞をクリックします。

❹ ＜プレビュー＞をクリックします。

❺ ツールヒントを変更したフィールドにマウスポインターを合わせ、

❻ ツールヒントが表示されることを確認します。

267

SECTION
177 フィールドを非表示にする
フォームの編集

対応バージョン Standard Pro

フィールドは、個々に表示／非表示を切り替えることができます。一時的に入力が不要になった項目を隠したい場合などに使うと便利です。なお、フィールドを非表示にしても、下線や外枠、項目名などは非表示にならないため、別途削除するとよいでしょう。

≫ フィールドを非表示にする

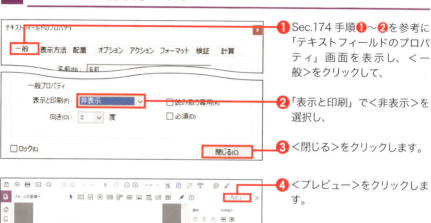

❶ Sec.174 手順❶～❷を参考に「テキストフィールドのプロパティ」画面を表示し、＜一般＞をクリックして、

❷ 「表示と印刷」で＜非表示＞を選択し、

❸ ＜閉じる＞をクリックします。

❹ ＜プレビュー＞をクリックします。

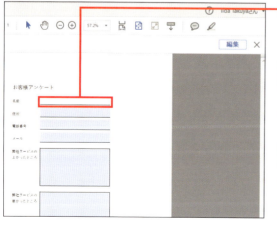

❺ フィールドが非表示になっていることを確認します。

MEMO 入力もできなくなる

フィールドを非表示にすると、クリックしても入力できなくなります。

MEMO 項目名や下線を削除する

フィールドの項目名や下線などがある場合は、Sec.070を参考に編集／削除するとよいでしょう。

対応バージョン　Standard　Pro

SECTION

178

フォームの編集

フィールドを
印刷しないようにする

フィールドやボタンは、個々に印刷するかしないかを設定することができます。たとえば、「印刷」ボタン（Sec.184参照）などをフォーム上に作成した場合、印刷しないように設定しておくと、無駄な情報が紙面に表示されないので便利です。

》 フィールドを印刷しないようにする

❶ Sec.174 手順❶〜❷を参考に「テキストフィールド（ボタン）のプロパティ」画面を表示し、＜一般＞をクリックして、

❷ 「表示と印刷」で＜表示／印刷しない＞を選択し、

❸ ＜閉じる＞をクリックします。

❹ ＜プレビュー＞をクリックします。

❺ 🖶をクリックし、

❻ 「印刷」画面のプレビューで、フィールド／ボタンが非表示になっていることを確認します。

●フォームの編集

第7章　フォームの編集

269

対応バージョン　Standard　Pro

SECTION
179
フォームの編集

フィールド内で
自動計算を行う

フィールド内に入力された数値は、Excelのように自動計算することができます。見積書や
清算書など、列や行のある表のようなフォームを作成する場合に重宝します。「和」や「積」
のほか、「平均」などを求めることもできます。

● フォームの編集
第7章

第8章

第9章

≫　フィールド内で自動計算を行う

❶ 作成したフォームを開いた状態で、Sec.173 手順❶〜❷を参考に「フォームを準備」バーを表示し、計算結果を表示するフィールドを右クリックして、

❷ <プロパティ>をクリックします。

❸ <計算>をクリックします。

❹ <次のフィールドの>をクリックし、

❺ 計算方法を選択して、

❻ <選択>をクリックします。

MEMO **計算方法の種類**

手順❺で選択できる計算方法は、「和」「積」「平均」「最小」「最大」の5つです。

270

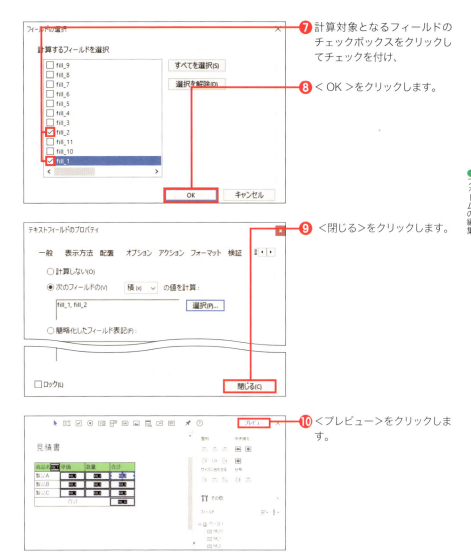

❼ 計算対象となるフィールドのチェックボックスをクリックしてチェックを付け、

❽ ＜OK＞をクリックします。

❾ ＜閉じる＞をクリックします。

❿ ＜プレビュー＞をクリックします。

⓫ 計算対象となるフィールドに適当な数値を入力し、

⓬ 計算結果が正しく表示されることを確認します。

SECTION 180 フォームの編集

対応バージョン　Standard　Pro

リストボックスを追加する

フォームには、複数の項目から自由に選択できる「リストボックス」を追加することができます。たとえば、アンケートフォームで職業などの選択項目リストを設けたい場合に重宝します。リストボックスはスペースを占めるため、項目数をある程度絞るとよいでしょう。

≫ リストボックスを追加する

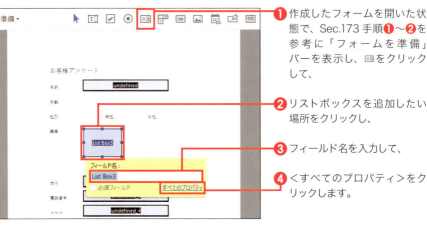

❶ 作成したフォームを開いた状態で、Sec.173手順❶～❷を参考に「フォームを準備」バーを表示し、をクリックして、

❷ リストボックスを追加したい場所をクリックし、

❸ フィールド名を入力して、

❹ <すべてのプロパティ>をクリックします。

❺ <オプション>をクリックし、

❻ 「項目」に追加したい項目の1つを入力して、

❼ <追加>をクリックします。

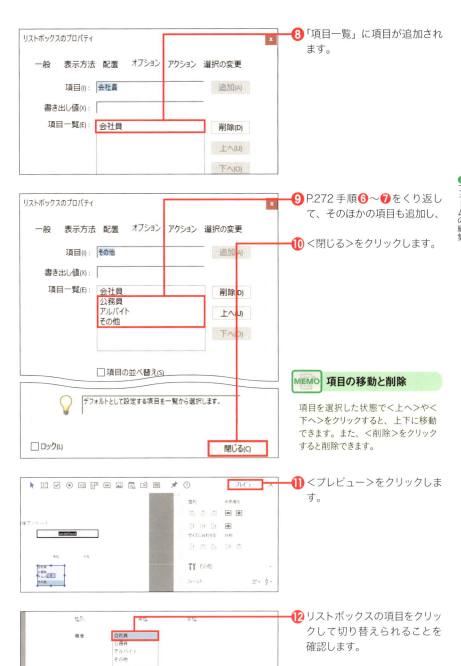

⑧ 「項目一覧」に項目が追加されます。

⑨ P.272 手順⑥〜⑦をくり返して、そのほかの項目も追加し、

⑩ <閉じる>をクリックします。

MEMO 項目の移動と削除

項目を選択した状態で<上へ>や<下へ>をクリックすると、上下に移動できます。また、<削除>をクリックすると削除できます。

⑪ <プレビュー>をクリックします。

⑫ リストボックスの項目をクリックして切り替えられることを確認します。

対応バージョン Standard Pro

SECTION 181 フォームの編集
ドロップダウンリストを追加する

フォームには、ドロップダウンリストを追加することができます。ドロップダウンリストはフォーム上の表示領域をあまり占めないため、選択項目数が多い場合などに効果的です。なお、選択項目の追加方法は、リストボックス（Sec.180参照）の場合と同様です。

≫ ドロップダウンリストを追加する

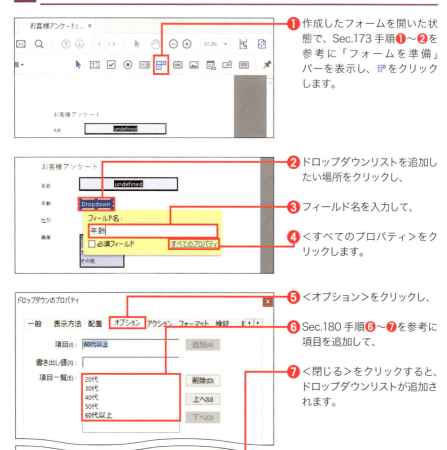

❶ 作成したフォームを開いた状態で、Sec.173手順❶～❷を参考に「フォームを準備」バーを表示し、 をクリックします。

❷ ドロップダウンリストを追加したい場所をクリックし、

❸ フィールド名を入力して、

❹ ＜すべてのプロパティ＞をクリックします。

❺ ＜オプション＞をクリックし、

❻ Sec.180 手順❻～❼を参考に項目を追加して、

❼ ＜閉じる＞をクリックすると、ドロップダウンリストが追加されます。

SECTION 182　フォームの編集

チェックボックスや
ラジオボタンを追加する

対応バージョン　Standard　Pro

フォームには、チェックボックスやラジオボタンを追加することができます。数個程度の項目から選択できるようにする場合に効果的です。チェックボックスは複数選択することが可能ですが、ラジオボタンは1つだけしか選択できないという違いがあります。

≫ チェックボックスやラジオボタンを追加する

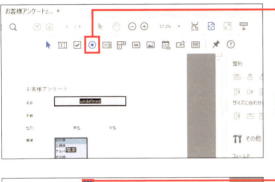

❶ 作成したフォームを開いた状態で、Sec.173 手順❶〜❷を参考に「フォームを準備」バーを表示し、◉をクリックします。

MEMO　チェックボックスの追加

チェックボックスを追加する場合は☑をクリックします。

❷ ボタンを追加したい場所をクリックし、

❸ グループ名を入力して、

❹ 必要に応じて＜別のボタンを追加＞をクリックします。

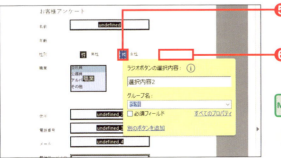

❺ 別のボタンを追加したい場所をクリックし、

❻ PDF の空白部分をクリックすると、追加できます。

MEMO　チェックボックスの場合

チェックボックスの場合は、手順❸〜❺の操作は不要です。

275

SECTION 183 テキストフィールドを追加する

フォームの編集　　対応バージョン　Standard　Pro

入力用のテキストフィールドは、あとから追加することができます。フォームの作成後に必要になった項目などがある場合に追加するとよいでしょう。サイズも自由に設定することができます。なお、フィールドに項目名が必要な場合は、別途追加するとよいでしょう。

≫ テキストフィールドを追加する

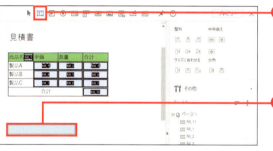

❶ 作成したフォームを開いた状態で、Sec.173 手順❶～❷を参考に「フォームを準備」バーを表示し、▭をクリックして、

❷ テキストフィールドを追加したい場所をクリックします。

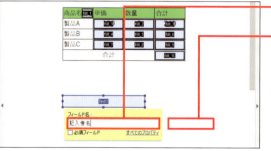

❸ フィールド名を入力して、

❹ PDFの空白部分をクリックします。

MEMO フィールドのサイズ変更

フィールドの四隅をドラッグすると、サイズが変更できます。

❺ テキストフィールドが追加されます。

対応バージョン Standard Pro

SECTION 184 ボタンを追加する
フォームの編集

フォームには、ボタンを追加することができます。「印刷」ボタンや「クリア」ボタンなど、クリックすることで何らかのアクションができるようになります。なお、アクションの追加方法については、Sec.185を参照してください。

≫ ボタンを追加する

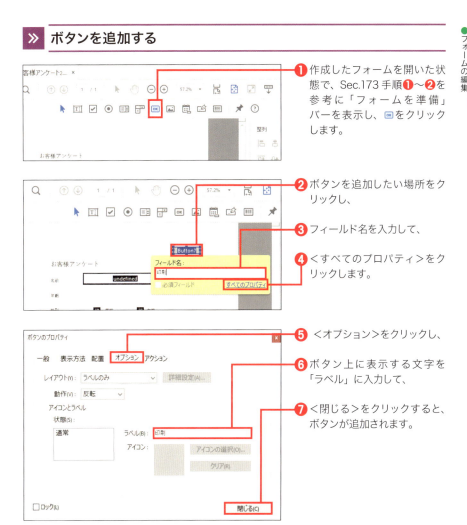

❶ 作成したフォームを開いた状態で、Sec.173 手順❶～❷を参考に「フォームを準備」バーを表示し、[OK]をクリックします。

❷ ボタンを追加したい場所をクリックし、

❸ フィールド名を入力して、

❹ <すべてのプロパティ>をクリックします。

❺ <オプション>をクリックし、

❻ ボタン上に表示する文字を「ラベル」に入力して、

❼ <閉じる>をクリックすると、ボタンが追加されます。

277

SECTION 185
フォームの編集

対応バージョン Standard Pro

ボタンをクリックしたときの動作を設定する

フォーム上のフィールドやボタンには、クリックしたときのアクションを設定することができます。たとえば、Sec.184で解説したボタンをクリックした場合に、印刷を開始したり、フォームをリセットしたりできるように設定可能です。

≫ ボタンをクリックしたときの動作を設定する

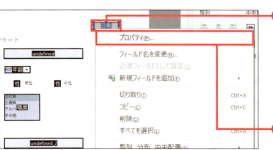

❶ 作成したフォームを開いた状態で、Sec.173 手順❶〜❷を参考に「フォームを準備」バーを表示し、アクションを変更したいフィールドやボタンを右クリックして、

❷ <プロパティ>をクリックします。

❸ <アクション>をクリックし、

❹ 「アクションを選択」の ∨ をクリックします。

❺ 任意のアクション（ここでは<メニュー項目を実行>）をクリックします。

MEMO メニュー項目

<メニュー項目を実行>を選択すると、メニューバーの各項目を指定できます。

278

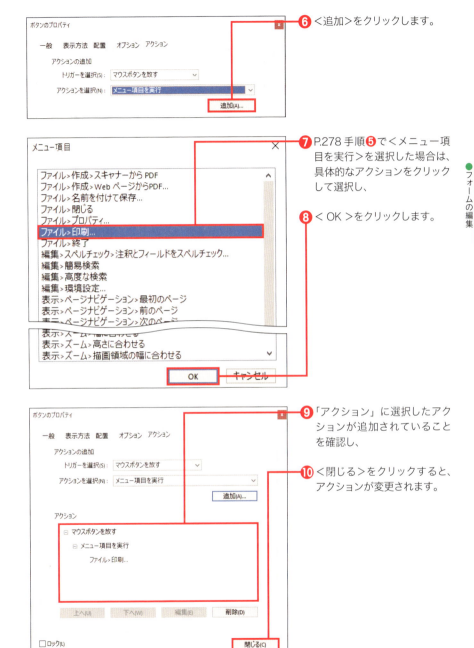

❻ <追加>をクリックします。

❼ P.278 手順❺で<メニュー項目を実行>を選択した場合は、具体的なアクションをクリックして選択し、

❽ < OK >をクリックします。

❾ 「アクション」に選択したアクションが追加されていることを確認し、

❿ <閉じる>をクリックすると、アクションが変更されます。

SECTION 186 フォームを配布する

フォームの共有 / 対応バージョン Standard Pro

フォームを作成したら、記入を求める相手にフォームを配布しましょう。複数の相手に一度に配布できるため便利です。なお、フォームを配布すると、フォームと同じフォルダに集計用ファイル（Sec.188参照）が自動的に作成されます。

≫ フォームを配布する

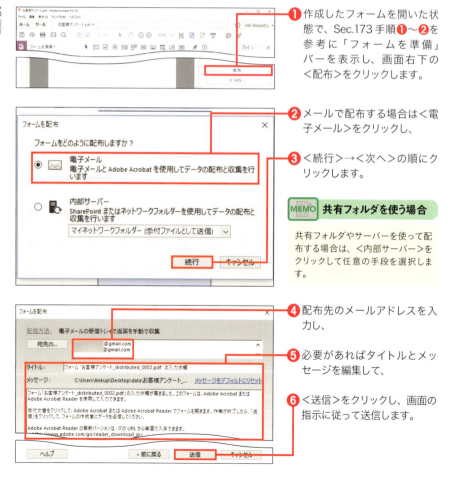

❶ 作成したフォームを開いた状態で、Sec.173 手順❶～❷を参考に「フォームを準備」バーを表示し、画面右下の＜配布＞をクリックします。

❷ メールで配布する場合は＜電子メール＞をクリックし、

❸ ＜続行＞→＜次へ＞の順にクリックします。

MEMO 共有フォルダを使う場合

共有フォルダやサーバーを使って配布する場合は、＜内部サーバー＞をクリックして任意の手段を選択します。

❹ 配布先のメールアドレスを入力し、

❺ 必要があればタイトルとメッセージを編集して、

❻ ＜送信＞をクリックし、画面の指示に従って送信します。

SECTION 187 フォームの共有

配布されたフォームに記入する

対応バージョン： Reader / Standard / Pro

フォームが配布されると、配布先にメールが届きます。メールに添付されているフォームのフィールドに記入して、返信するようにしましょう。一連の作業はすべてAcrobat上で行えるため、すばやい対応が可能です。

≫ 配布されたフォームに記入する

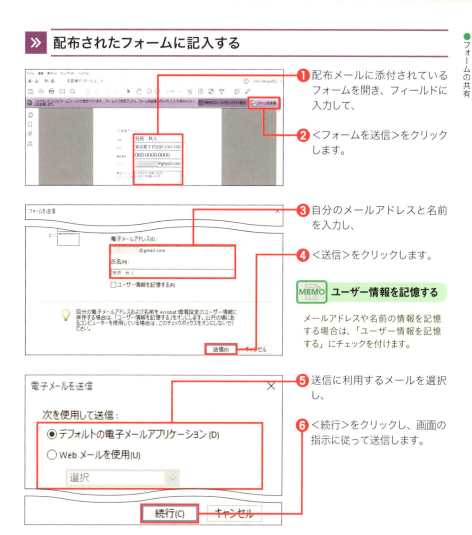

❶ 配布メールに添付されているフォームを開き、フィールドに入力して、

❷ <フォームを送信>をクリックします。

❸ 自分のメールアドレスと名前を入力し、

❹ <送信>をクリックします。

MEMO ユーザー情報を記憶する

メールアドレスや名前の情報を記憶する場合は、「ユーザー情報を記憶する」にチェックを付けます。

❺ 送信に利用するメールを選択し、

❻ <続行>をクリックし、画面の指示に従って送信します。

SECTION 188 フォームの共有

フォームに入力された
データを集計する

対応バージョン　Standard　Pro

記入済みフォームが返信されると、メールが届きます。メールに添付されている記入済みフォームを開いて、入力されたデータを集計用ファイルにまとめましょう。なお、集計用ファイルは、フォーム配布時にフォームと同じフォルダに自動的に作成されます。

» フォームに入力されたデータを集計する

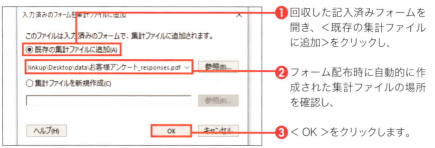

❶ 回収した記入済みフォームを開き、＜既存の集計ファイルに追加＞をクリックし、

❷ フォーム配布時に自動的に作成された集計ファイルの場所を確認し、

❸ ＜OK＞をクリックします。

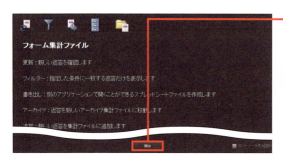

❹ ＜開始＞をクリックします。

MEMO Flash Playerが必要

集計画面の表示にはFlash Playerが必要です。確認画面が表示された場合は、Flash Playerをインストールしてください。

❺ 記入済みフォームのデータが集計用ファイルに追加されます。

❻ さらにデータを追加する場合は、＜追加＞をクリックします。

❼ <ファイルを追加>をクリックします。

❽ 追加したい記入済みフォームのファイルを選択し、

❾ <開く>をクリックします。

> **MEMO 複数選択も可能**
>
> 手順❽では、記入済みフォームのファイルを複数同時に選択することもできます。

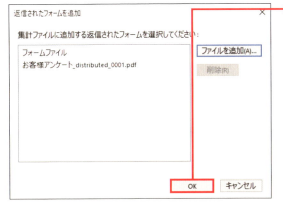

❿ < OK >をクリックします。

⓫ 記入済みフォームのデータが追加されます。

> **MEMO データを絞り込む**
>
> <フィルター>をクリックすると、受信日時やキーワード（値）などで必要なデータを絞り込めます。

》 データをCSV形式で書き出す

① P.282 手順❺の画面で＜書き出し＞をクリックし、

② ＜すべてを書き出し＞をクリックします。

③ 保存先のフォルダを表示してファイル名を入力し、

④ ＜保存＞をクリックすると、CSV 形式で保存されます。

⑤ 保存した CSV ファイルをダブルクリックすると、Excel で閲覧できます。

📎 COLUMN

トラッカーで状況を確認する

フォームの集計状況は、トラッカーでも確認することができます。Sec.164手順❶を参考に「トラッカー」画面を表示し、画面左側のツリーの「フォーム」の「配布」で任意のフォームをクリックすると、返答した受信者などの情報が確認できます。

第 **8** 章

モバイル版の利用

SECTION 189 モバイル版の基本

対応バージョン | Reader | Standard | Pro | 2017

モバイル版Acrobat Readerでできること

スマートフォンでは、モバイル版の「Acrobat Reader」を使うことで、PDFの閲覧や編集ができます。まずはスマートフォンにAcrobat Readerをインストールしてみましょう。なお、Android版とiPhone版がありますが、ここではAndroid版をメインに解説します。

≫ モバイル版Acrobat Readerでできること

モバイル版Acrobat Readerでは、基本的にPDFの閲覧・編集が可能です。PDFに注釈を加えたり、フォームに入力したり、ほかのアプリと共有したりすることができます。また、サブスクリプション版のAcrobatのAdobe IDでサインインすると、PDFのページの編集や、OfficeファイルからのPDF作成もできるようになります。Acrobatのバージョンによる、利用できる機能の違いについては、Sec.004を参照してください。

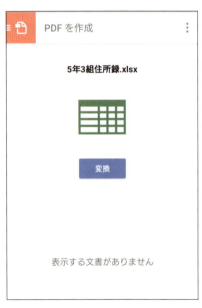

▲ PDFの閲覧画面では、注釈やテキストを追加したり、メールやSNSでPDFを共有したりすることも可能です。

▲ サブスクリプション版のAcrobatと同じAdobe IDでサインインすると、PDFの編集や作成、書き出しが行えます。

≫ モバイル版Acrobat Readerをインストールする

❶ ホーム画面で＜Play ストア＞（iPhoneでは＜App Store＞）をタップして起動します。

❷ 画面上部の検索欄（iPhoneでは＜検索＞→検索欄）をタップします。

❸ 「acrobat」と入力して、

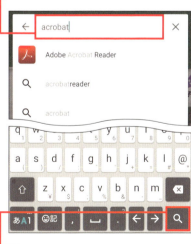

❹ 🔍（iPhoneでは＜検索＞）をタップします。

❺ 「Adobe Acrobat Reader」の＜インストール＞（iPhoneでは＜入手＞→＜インストール＞）をタップします。

❻ インストール完了後、＜開く＞をタップすると、Acrobat Readerが起動します。

SECTION
190 Adobe IDでサインインする
モバイル版の基本

対応バージョン　Reader　Standard　Pro　2017

Adobe Acrobat をインストールしたら、さっそく起動しましょう。Acrobat Pro DCと同じ Adobe IDを持っている場合は、サインインしましょう。サインインすると、利用できる機能が増えるだけでなく、Document Cloud（Sec.097参照）を利用することもできます。

≫ Adobe IDでサインインする

❶ ホーム画面で＜ Adobe Acrobat ＞をタップして起動します。

❷ 初回起動時に、「始める」画面が表示されるので、左方向に3回スワイプして、

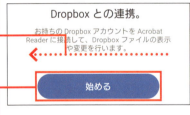

❸ ＜始める＞をタップします。

❹ 「マイドキュメント」画面が表示されるので、🏠をタップします。

❺ ＜サインイン＞（iPhone では＜マイアカウント＞）をタップします。

❻ ＜ログイン＞（iPhone では＜サインイン＞）をタップします。

❼ メールアドレスとパスワードを入力して、

❽ ＜ログイン＞をタップします。

❾ ＜（iPhone では＜完了＞）をタップします。

288

SECTION
191
PDFの閲覧

PDFを閲覧する

対応バージョン　Reader　Standard　Pro　2017

サインインが完了したら、PDFを閲覧してみましょう。閲覧したいPDFをタップすると表示され、2ページ以上あるPDFは上方向にスワイプすることでページ送りできます。ここでは、Document Cloudに保存したPDF（Sec.097参照）を閲覧する手順を例に解説します。

PDFを閲覧する

❶「マイドキュメント」画面を表示して、＜DOCUMENT CLOUD＞をタップします。

❷ 閲覧したい PDF をタップします。

❸ PDF が表示されます。

❹ 画面を上下にスワイプすると、ページ送りできます。

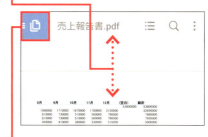

❺ をタップして、

❻ ＜マイドキュメント＞をタップすると、「マイドキュメント」画面に戻ります。

COLUMN

iPhoneの場合

iPhoneの場合は、手順❶で＜最近のファイル＞→＜Document Cloud＞の順にタップします。手順❷以降の操作はAndroidと同様です。

SECTION 192　PDFの閲覧

ページをスクロールせずに表示する

対応バージョン　Reader　Standard　Pro　2017

PDFを閲覧する際、初期設定では画面を上下にスクロールしてページを切り替える設定になっています。単一ページ設定にすると、画面を左右にスワイプしてページを切り替えることができ、片手で操作しているときなどに便利です。

単一ページで表示する

❶ Sec.191を参考に、PDFを表示します。

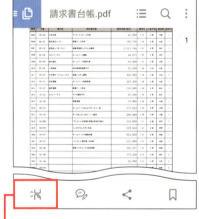

❷ ✴をタップします。なおこのアイコンは、表示モードにより異なる場合があります。

❸ ＜単一ページ＞をタップします。

❹ アイコンが に変わります。

❺ 画面を左方向にスワイプすると、

❻ 次のページが表示されます。

❼ 画面を右方向にスワイプすると、前のページに戻ります。

SECTION 193
PDFの閲覧

対応バージョン: Reader / Standard / Pro / 2017

PDF内を検索する

PDF内に探したいキーワードがある場合は、検索機能を使いましょう。キーワードを入力して検索すると、該当するキーワードの件数が表示され、キーワードがハイライトで表示されます。検索結果をタップするだけで、すばやく該当箇所を表示できます。

» PDF内を検索する

❶ Sec.191を参考に、PDFを表示します。

❷ 🔍 をタップします。

❸ 検索欄に検索したいキーワードを入力して、

❹ 🔍（iPhoneでは＜検索＞）をタップします。

❺ 検索結果が表示されます。任意の検索結果をタップすると、

❻ キーワードが検出された箇所に移動します。該当したキーワードはハイライトで表示されます。iPhoneの場合は、←→をタップして移動します。

第8章 ●PDFの閲覧

291

SECTION 194 複数ページを一気に移動する

PDFの閲覧

対応バージョン： Reader / Standard / Pro / 2017

ページ数の多いPDFの場合、いちいち画面をスクロールしてページを移動するのは、非常に時間がかかります。PDFを表示したときに右側に現れる数字を上下にドラッグすることで、複数ページを一気に移動できるので、状況に応じて活用しましょう。

≫ 複数ページを一気に移動する

❶ Sec.191 を参考に、PDF を表示します。

❷ PDF の右側に表示されている数字を上下にドラッグします。

❸ 画面中央にページ数が表示されます。目的のページまでドラッグしたら、画面から指を離します。

❹ ページの移動が完了します。

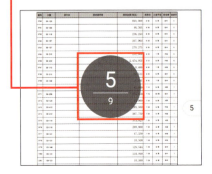

COLUMN

単一ページ表示の場合

単一ページ表示の場合は、PDFの下部にページの数字が表示されます。これを左右にドラッグすることでページを移動できます。

SECTION 195 PDFの閲覧

対応バージョン / Reader / Standard / Pro / 2017

指定のページに移動する

PDFの確認したいページがすでにわかっている場合は、ページを指定して移動しましょう。ページ番号を入力して＜OK＞をタップするだけで、かんたんに移動できます。ページ数の多いPDFを閲覧する際に重宝する操作です。

指定のページに移動する

❶ Sec.191を参考に、PDFを表示します。

❷ PDFの右側（単一ページ表示では下部）の数字をタップします。

❸「移動先のページ番号」画面が表示されます。

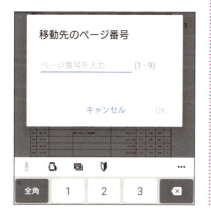

❹ 移動したいページ番号を入力して、

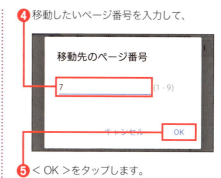

❺ ＜OK＞をタップします。

❻ 指定したページに移動できます。

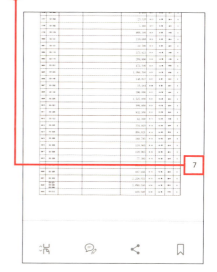

293

SECTION 196 コメント注釈を付ける

PDFの編集

対応バージョン｜Reader｜Standard｜Pro｜2017

モバイル版Acrobat Readerにも、PDFにコメント注釈を付ける機能があります。注釈を付けたい部分をタップし、コメントを入力するだけで行えるので、出先でPDFを確認したときなどに便利です。また、注釈に返信したり、削除したりすることもできます。

≫ コメント注釈を付ける

❶ Sec.191を参考に、PDFを表示します。

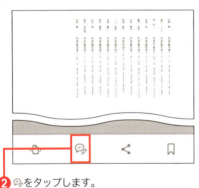

❷ 💬 をタップします。

❸ 💬 をタップし、

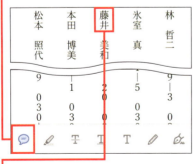

❹ コメント注釈を付けたい部分をタップします。iPhoneでは、「作成者名」画面が表示された場合は、作成者名を入力して、＜保存＞をタップします。

❺ コメントを入力して、

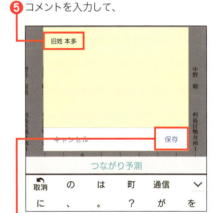

❻ ＜保存＞をタップします。

❼ コメント注釈が追加されます。

❽ 注釈モードを終える場合は、戻るキー（iPhoneでは＜完了＞）をタップします。

≫ コメント注釈を確認する（Androidのみ）

❶ Sec.191 を参考に、コメント注釈の付いた PDF を表示します。

❷ ≡をタップします。

❸ 💬をタップして、

❹ 確認したいコメント注釈をタップします。

❺ 注釈確認画面が表示されます。手順❹でタップしたコメント注釈の💬が拡大表示されます。

≫ コメント注釈に返信する（Androidのみ）

❶ 上記手順❺の画面で💬をタップします。

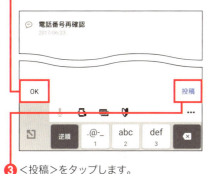

❷ 返信を入力して、

❸ ＜投稿＞をタップします。

❹ コメント注釈に返信できます。

📎 COLUMN

コメント注釈を削除する

コメント注釈を削除する場合は、手順❶の画面で🗑をタップします。iPhoneの場合は、コメント注釈をタップして、＜削除＞をタップします。

SECTION 197 テキストを書き込む

PDFの編集

対応バージョン　Reader　Standard　Pro　2017

モバイル版Acrobat Readerでは、PDFにテキストを追加することができます。不足分のテキストを追加したり、文章の中にテキストを追加して読みやすくしたりするときなどに重宝します。コメント注釈とは違い、PDFに直接テキストを追加します。

≫ テキストを追加する

❶ Sec.191を参考に、PDFを表示します。

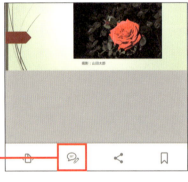

❷ 💬をタップします。

❸ Tをタップし、

❹ テキストを追加したい部分をタップします。

❺ テキストを入力して、

❻ ✓（iPhoneでは＜保存＞）をタップします。

❼ テキストが追加されます。

SECTION 198 テキストの削除を指示する

PDFの編集

対応バージョン Reader / Standard / Pro / 2017

PDF内に不要なテキストがあり、すぐに訂正できない場合、取り消し線機能を使って簡易的にテキストを訂正しましょう。取り消し線を追加したいテキストをドラッグするだけで、かんたんに取り消し線を追加できます。

テキストに取り消し線を追加する

① Sec.191 を参考に、PDFを表示します。

② をタップします。

③ T をタップします。

④ 取り消し線を追加したいテキストをドラッグします。画面上部にドラッグしている部分が拡大表示されます。

⑤ ✓（iPhoneでは＜完了＞）をタップします。

COLUMN

取り消し線／下線／ハイライトの色を変更する

取り消し線／下線／ハイライトは、色を変更できます。手順④の画面下部で、メニュー中央の色をタップします。色の一覧が表示されるので、変更したい色をタップします。また下部のバーで色の濃さを調整することもできます。iPhoneでは、追加した取り消し線などをタップし、＜色＞をタップして変更します。

SECTION 199 下線を追加する

PDFの編集 | 対応バージョン Reader / Standard / Pro / 2017

PDFのテキストに下線を追加して、テキストを強調しましょう。テキストをドラッグするだけで、かんたんに下線を追加できます。なお、下線を追加したテキストをタップすると、注釈を追加することができます。

≫ テキストに下線を追加する

❶ Sec.191を参考に、PDFを表示します。

❷ をタップします。

❸ T をタップし、

❹ 下線を追加したいテキストをドラッグします。画面上部にドラッグしている部分が拡大表示されます。

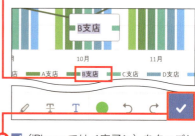

❺ ✓（iPhoneでは＜完了＞）をタップします。

COLUMN

取り消し線／下線／ハイライトに注釈を付ける（Androidのみ）

取り消し線／下線／ハイライトには、コメント注釈を付けることができます。下線などをタップし、＜この〇〇に注釈を追加します＞をタップします。コメントを入力して、＜投稿＞をタップすると、注釈が付きます。

SECTION 200 PDFの編集

テキストにハイライトを付ける

対応バージョン　Reader　Standard　Pro　2017

ハイライトとは、テキストに背景色を追加して文を強調することです。下線よりも強調されるので、より主張したいテキストに追加するとよいでしょう。取り消し線や下線と同様に、テキストをドラッグして、ハイライトを追加します。

≫ テキストにハイライトを追加する

❶ Sec.191を参考に、PDFを表示します。

❷ 💬をタップします。

❸ ✐をタップします。

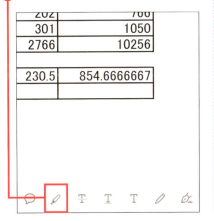

❹ ハイライトを追加したいテキストをドラッグします。画面上部にドラッグしている部分が拡大表示されます。

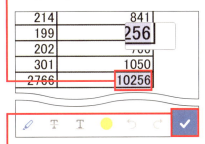

❺ （iPhoneでは＜完了＞）をタップします。

COLUMN

取り消し線／下線／ハイライトを削除する

取り消し線／下線／ハイライトは、あとから削除できます。ハイライトなどをタップし、🗑（iPhoneでは＜消去＞）をタップして削除します。

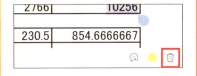

●PDFの編集　第8章

| 対応バージョン | Reader | Standard | Pro | 2017 |

SECTION 201 PDFの編集
フリーハンドで注釈を付ける

モバイル版Acrobat Readerは、画面にフリーハンドで直接描画できる機能が付いています。スマートフォンやタブレットを操作するようにPDFに描画しましょう。タッチペンを使うと、よりきれいに描画することができます。

» フリーハンドで描画する

❶ Sec.191を参考に、PDFを表示します。

❷ ✑をタップします。

❸ ✐をタップします。

❹ PDFにフリーハンドで描画します。

❺ 色をタップすると、

❻ 色の一覧が表示されます。Sec.198 COLUMNを参考に、色を変更したり濃さを変更したりできます（iPhoneでは描画を保存したあとに変更できます）。

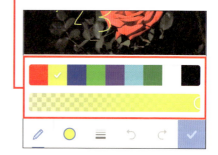

❼ ≡をタップすると、

❽ 線の太さを選択できます（iPhoneでは描画を保存したあとに変更できます）。

❾ ✓（iPhoneでは＜保存＞）をタップして確定します。

≫ 描画に注釈を付ける（Androidのみ）

❶ フリーハンドで描いた部分をタップすると、

❷ 画面下部にメニューが表示されるので、＜この描画に注釈を追加します＞をタップします。

❸ コメントを記入して、

❹ ＜投稿＞をタップします。

COLUMN

描画を削除する

フリーハンドの描画は、あとから削除できます。描画をタップし、🗑（iPhoneでは＜削除＞）をタップして削除します。

SECTION 202 PDFの編集

変更をもとに戻す／やり直す

対応バージョン　Reader　Standard　Pro　2017

PDFに変更の追加をしているときに、間違った変更を入れてしまうことがあります。そのようなときは、変更をもとに戻す機能を使いましょう。また、変更をもとに戻してから、再度やり直すこともできます。

≫ 変更をもとに戻す／やり直す

❶ Sec.191を参考にPDFを表示し、変更を追加します。

❷ ：（iPhoneでは ↶）をタップします。

❸ ＜○○を元に戻す＞をタップすると、

❹ 変更がもとに戻ります。

❺ 再度：（iPhoneでは ↶）をタップし、＜○○をやり直す＞をタップすると、

❻ 変更をやり直すことができます。

SECTION 203
PDFの編集
ページの順序を入れ替える

対応バージョン: Pro

有料のAcrobat Pro DCのAdobe IDでモバイル版Acrobat Readerにサインインすると、PDFのページの順序を入れ替えて整理することができます。移動したいPDFのページをドラッグしてページを入れ替えます。

≫ ページの順序を入れ替える

❶ Sec.191を参考に、ページの順序を入れ替えたいPDFを表示して、画面左上の🗐をタップします。

❷ <ページを整理>をタップすると、

❸ 「ページを整理」画面が表示されます。

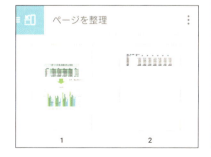

❹ ページをドラッグして、入れ替えたい位置で指を離します。

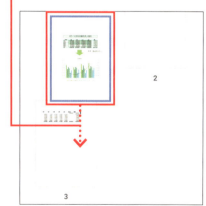

❺ ページの移動が完了します。

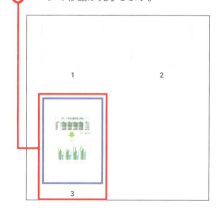

●PDFの編集
第8章

SECTION 204　ページを削除する

PDFの編集　　対応バージョン　Pro

有料のAcrobat Pro DCのAdobe IDでモバイル版Acrobat Readerにサインインすると、不要なページを削除することもできます。削除したいページをタップして選択し、🗑をタップするだけでかんたんに行えます。

≫ ページを削除する

❶ Sec.191を参考に、ページを削除したいPDFを表示して、画面左上の📄をタップします。

❷ <ページを整理>をタップします。

❸ 「ページを整理」画面が表示されます。削除したいページをタップして選択し、

❹ 🗑をタップします。

❺ 確認画面が表示されるので、<はい>をタップします（iPhoneでは手順❺の画面は表示されず、手順❻の画面へ移動します）。

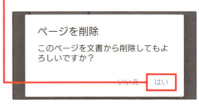

❻ PDFからページが削除されます。

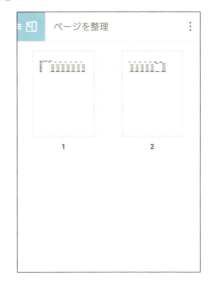

SECTION 205
PDFの編集

対応バージョン Pro

ページを回転する

有料のAcrobat Pro DCのAdobe IDでモバイル版Acrobat Readerにサインインすると、PDFのページごとに回転させることができます。回転したいページをタップして選択し、右回転か左回転かを選択します。1回タップするごとに90°ずつ回転していきます。

ページを回転する

❶ Sec.191を参考に、ページを回転させたいPDFを表示して、画面左上の アイコンをタップします。

❷ <ページを整理>をタップします。

❸ 「ページを整理」画面が表示されます。回転させたいページをタップして選択し、

❹ をタップすると、

❺ ページが右方向に90°回転します。

❻ をタップすると、

❼ ページが左方向に90°回転します。

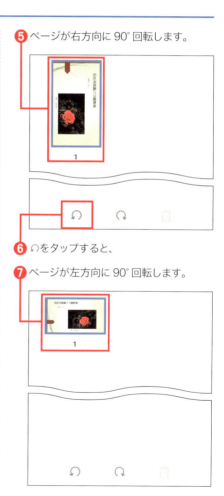

●PDFの編集

第8章

305

SECTION 206 フォームに入力する

PDFの編集

対応バージョン / Reader / Standard / Pro / 2017

モバイル版Acrobat Readerでも、フォームとして作成されたPDFに入力することができます。フィールドにテキストを入力できるだけでなく、選択項目リストやラジオボタンなども選択できます。

≫ フォームに入力する

❶ Sec.191 を参考に、フォームの PDF を表示します。

❷ フィールドをタップすると、

❸ 文字を入力することができます。

❹ ドロップダウンリストをタップすると、

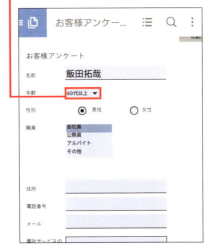

❺ 選択項目が表示されます。任意の項目をタップして、選択します。

❻ ラジオボタンの項目は、タップして選択することができます。

❼ 選択項目リストをタップすると、

❽ 選択項目が表示されます。任意の項目をタップして、選択します。

❾ そのほかも同様に入力／選択します。

❿ 別の画面に移動すると、自動的に内容が保存されます。

COLUMN

フィールドを移動する

P.306手順❸の画面で、画面上部の ➡️（iPhoneでは＜次へ＞）をタップすると、次のフィールドに移動できます。続けて入力することができるので、いちいちフィールドをタップし直す必要がありません。また、⬅️（iPhoneでは＜前へ＞）をタップすると、1つ前のフィールドに戻ることができます。なお、🔄（iPhoneでは＜フィールドをリセット＞→＜リセット＞）をタップすると、入力した内容をリセットすることができます。

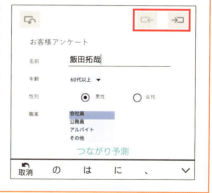

SECTION 207 署名を作成する

対応バージョン：Reader / Standard / Pro / 2017

モバイル版Acrobat Readerでは、PDF上にフリーハンドで署名を作成することができます。テキストを入力する必要がないため、すばやい署名が可能です。また、一度作成した署名は保存することができ、2回目以降は保存した署名を使うことができます。

≫ 署名を作成する

❶ Sec.191 を参考に、PDF を表示します。

❷ をタップします。

❸ をタップし、

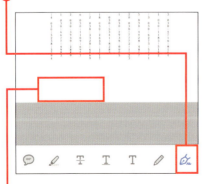

❹ 署名したい部分（iPhone では＜署名を作成＞）をタップします。

❺ フリーハンドで署名を入力して、

❻ ＜完了＞をタップします。

❼ 署名が完了します。

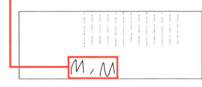

COLUMN

署名の保存

手順❺の画面で、＜デバイスに保存＞（iPhoneでは＜オンラインプロファイルに保存＞）をオンにしていると、作成した署名を保存できます。保存した署名を使用する場合は、手順❹のあとに、＜署名を配置＞（iPhoneでは作成した署名）をタップします。

SECTION 208
PDFの作成・保存

対応バージョン | Reader | Standard | Pro | 2017

撮影した写真をPDFにする

モバイル版Acrobat Readerでは、スマートフォンで撮影した写真をPDFにすることができます。専用アプリ「Adobe Scan」を利用すると、文字がOCR認識されたPDFが作成され、Document Cloudの「Adobe Scan」フォルダに保存します。

≫ 撮影した写真をPDFにする

❶ 画面左上の🏠をタップします。

❷ <スキャン>をタップします。Adobe Scanをインストールしていない場合は、画面の指示に従ってインストールします。

❸ 「カメラ」画面に切り替わるので、⚪をタップして撮影します。文書の場合は、画面内に収めるだけで自動的に撮影されます。

❹ 撮影すると、画面右下にプレビューが表示されるのでタップします。

❺ 画面下部のメニューでPDFを編集して、

❻ <PDFを保存>をタップします。

❼ <ACROBATで開く>をタップすると、Acrobat ReaderでPDFが開きます。

SECTION 209 PDFの作成・保存

Word／Excel／PowerPoint ファイルからPDFを作成する

対応バージョン Standard Pro

有料のAcrobat Pro DCのAdobe IDでモバイル版Acrobat Readerにサインインをすると、OfficeのWordやExcelのファイルをPDFに変換することができます。作成したPDFは、通常のPDFのように編集や修正を行うことができます。

≫ Word／Excel／PowerPointファイルからPDFを作成する

❶ 画面左上のをタップします。

❷ ＜PDFを作成＞をタップします。

❸ ＋をタップします。

❹ PDFファイルを作成したいOfficeファイルをタップします。ここでは、Excelファイルをタップします。

❺ ＜変換＞をタップします。

❻ 「最近変換したファイル」の一覧に作成したPDFが追加されます。これをタップすると、PDFが開きます。

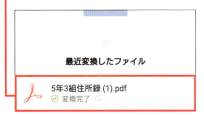

COLUMN

iPhoneの場合

iPhoneの場合は、「マイドキュメント」画面からWord／Excel／PowerPointファイルをタップして表示し、📄→＜PDFを作成＞→＜PDFを作成＞の順にタップします。作成したPDFは「Document Cloud」に保存されます。

310

対応バージョン　Standard　Pro

SECTION 210
PDFの作成・保存

PDFをWord／Excel／PowerPoint形式に書き出す

有料のAcrobat Pro DCのAdobe IDでモバイル版Acrobat Readerにサインインをすると、PDFをWordやExcelファイルの形式で書き出すことができます。書き出したファイルはAdobeのオンラインストレージ「Document Cloud」に保存されます。

≫ PDFをWord／Excel／PowerPoint形式に書き出す

❶ 画面左上の🏠をタップします。

❷ ＜PDFを書き出し＞をタップします。

❸ ＋をタップします。

❹ Officeファイルに書き出しをしたいPDFをタップします。

❺ 書き出し形式を選択し、

❻ 言語を選択して、

書き出し形式
Microsoft Word 文書 (*.docx)

次の言語でテキストを認識：
日本語 (日本)

PDFを書き出す

❼ ＜PDFを書き出す＞をタップします。

❽ 書き出したファイルはDocument Cloudに保存されます。

最近書き出したファイル

年間売上.docx が作成され、Document Cloud に保存されました

📎 COLUMN

iPhoneの場合

iPhoneの場合は、PDFを表示し、📄→＜PDFを書き出し＞の順にタップします。書き出し形式と言語を選択して、＜PDFを書き出す＞をタップします。書き出したファイルは「Document Cloud」に保存されます。

SECTION **211** ファイルの整理

対応バージョン / Reader / Standard / Pro / 2017

PDFを検索する

PDFをたくさん保存しておくと、閲覧したいPDFを探すのに非常に手間がかかってしまいます。そこで利用したいのが検索機能です。キーワードを入力して検索すると、該当する名前のPDFが表示されます。

≫ PDFを検索する

❶「マイドキュメント」画面を表示し、🔍をタップします（iPhoneの場合は検索欄をタップして手順❸に進みます）。

❷ 画面上部の検索欄をタップします。

❸ キーワードを入力すると、

❹ 自動的に検索結果が表示されます。閲覧したいPDFをタップすると、

❺ PDFが表示されます。

対応バージョン / Reader / Standard / Pro / 2017

SECTION 212 ファイルの整理

PDFを削除する

スマートフォンやオンラインストレージに保存してあるPDFを、モバイル版Acrobat Readerから削除することができます。削除したいPDFを選択し、🗑をタップして、＜OK＞をタップすると削除が完了します。

≫ PDFを削除する

❶「マイドキュメント」画面を表示し、任意の保存場所をタップして、

❷ 削除したいPDFをロングタッチします。

❸ PDFが選択されているのを確認して、

❹ 🗑をタップします。

❺ ＜OK＞をタップすると、PDFが削除されます。

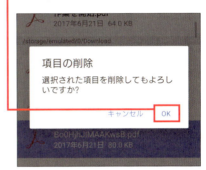

COLUMN

iPhoneの場合

iPhoneの場合は、マイドキュメント画面を表示して、•••をタップし、＜選択＞をタップします。一覧から削除したいPDFをタップして選択し、🗑をタップします。確認画面が表示されるので＜削除＞をタップすると、PDFを削除できます。

SECTION 213 PDFの共有

PDFを共有する

対応バージョン / Reader / Standard / Pro / 2017

モバイル版Acrobat Readerでは、PDFをメールなどで共有することができます。PDFを開き、<をタップして、<共有>をタップし、共有先を選択することで行うことができます。メール以外に、LINEなどでも共有することができます。

≫ PDFを共有する

❶ Sec.191を参考に、PDFを表示します。

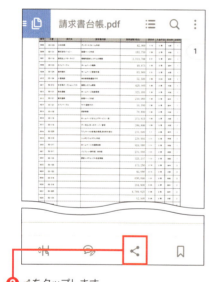

❷ <をタップします。

❸ <共有>をタップします。

❹ 共有先をタップし、画面の指示に従って共有します。

COLUMN

iPhoneの場合

iPhoneの場合は、PDFを表示して、□をタップし、<ファイルを共有>をタップします。次の画面で、共有方法を選択し、共有先を選択します。

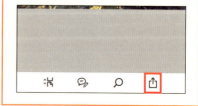

SECTION 214
PDFのリンクを共有する

PDFの共有　対応バージョン：Reader / Standard / Pro / 2017

PDFを共有する以外に、PDFのリンクを共有することもできます。PDFを直接共有するときと違い、TwitterやFacebookなどで共有することもできます。なお、リンクを共有するには、Adobe IDでサインインしている必要があります。

≫ PDFのリンクを共有する

❶ Sec.191を参考に、PDFを表示します。

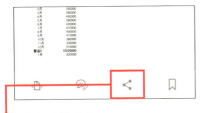

❷ < をタップします。

❸ <Document Cloud リンクを共有>をタップします。

❹ <URLを共有>をタップします。

❺ 共有先をタップし、画面の指示に従って共有します。

COLUMN
iPhoneの場合

iPhoneの場合は、PDFを表示して、 をタップし、<リンクを共有>をタップします。次の画面で、共有方法を選択し、共有先を選択します。

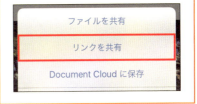

SECTION 215 管理と保存

対応バージョン　Reader　Standard　Pro　2017

Dropboxに保存したPDFを見る

モバイル版Acrobat Readerは、オンラインストレージのDropboxとリンクさせて、PDFの閲覧などができます。Acrobat Readerからも無料でアカウントを作成できますが、すでにアカウントを持っている場合は、以下の手順でログインできます。

≫ Dropboxに保存したPDFを見る

❶「マイドキュメント」画面の＜DROPBOX＞（iPhoneでは＜最近のファイル＞→＜Dropbox＞）をタップします。

❷＜アカウントを追加＞（iPhoneでは＜ログイン＞）をタップします。

❸メールアドレスとパスワードを入力して、

❹＜ログイン＞をタップして、次の画面で＜許可＞→＜OK＞の順にタップします。

❺開きたいPDFをタップします。

❻PDFが表示されます。

COLUMN

Googleアカウントでログインする

Dropboxは、Googleアカウントでもログインが可能です。手順❸の画面で＜Googleでログイン＞をタップします。次の画面で、Googleに登録しているメールアドレスまたは電話番号を入力して、＜次へ＞をタップします。次の画面でパスワードを入力して、＜ログイン＞をタップします。

第 **9** 章

Document Cloudの利用

SECTION 216 — DCの基本

対応バージョン | Reader | Standard | Pro | 2017

Document Cloudでできること

Acrobatは、Adobeのクラウドサービス「Document Cloud」と連携しています。Document CloudのストレージにPDFを保存しておけば、外出先などAcrobatの利用できない環境でも、PDFを閲覧したり、整理したりすることができます。

≫ Document Cloudとは

Document Cloudとは、Adobeが提供しているクラウドサービスです。AcrobatはDocument Cloudと連携しており、PDFなどのさまざまなファイルをDocument Cloudのストレージで管理することができます(20GB)。外出先などAcrobatが利用できない環境でも、WebブラウザやスマートフォンからDocument Cloudにアクセスできるため、効率的な作業が実現できます。なお、サブスクリプション版のAcrobatではDocument Cloudのすべての機能を利用できますが、パッケージ版のAcrobatやAcrobat Readerでは、Adobe IDを取得することで、Document Cloudのストレージ機能のみを利用できます(5GB)。利用できる機能の違いについては、Sec.004を参照してください。

◀ WebブラウザでログインするだけでPDFにアクセスできます。

◀ Webブラウザ上でスムーズにPDFを閲覧することができます。

PDFの管理／作成

サブスクリプション版のAcrobatのAdobe IDがある場合、Document Cloudでは、PDFの閲覧だけでなく、PDFのフォルダ分けや削除、PDFの作成／書き出しといった操作も可能です。Word／Excel／PowerPoint形式だけでなく、JPEGやPNGなどの画像形式にも対応しており、用途に応じた文書をすばやく作成することができます。画像の書き出しでは、形式や画質を設定することも可能です。

◀ 書き出しでは、ファイル形式を自由に指定することができます。

ページの整理も可能

サブスクリプション版のAcrobat Pro DCのAdobe IDがある場合、PDFの管理／作成だけでなく、PDF内のページの整理も可能です。ページの順序を入れ替えたり、不要なページを削除したり、ページを回転させたりすることができるので、外出先で必要な情報だけを手早くまとめるような場面で重宝します。

◀ ページの移動や削除なども、Webブラウザ上で行うことができます。

対応バージョン: Reader / Standard / Pro / 2017

SECTION 217
DCの基本
Document Cloudにログインする

Document Cloudへのログインは、Webブラウザでかんたんに行えます。ログイン状態を保持することができるため、頻繁に利用する場合でもスムーズに作業に入れます。ここでは、Windows 10のMicrosoft Edgeでログインする場合を例に解説します。

≫ Document Cloudにログインする

❶ Webブラウザで「https://documents.adobe.com/」にアクセスし、

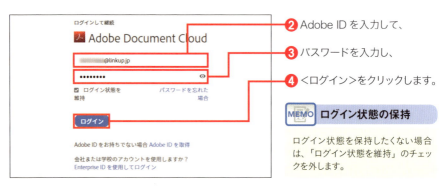

❷ Adobe IDを入力して、
❸ パスワードを入力し、
❹ <ログイン>をクリックします。

MEMO ログイン状態の保持
ログイン状態を保持したくない場合は、「ログイン状態を維持」のチェックを外します。

❺ ログインが完了し、メニュー画面が表示されます。

MEMO ログアウトする
ログアウトするには、画面右上のアカウント名をクリックし、<サインアウト>をクリックします。

COLUMN
Adobe IDを取得していない場合
Adobe IDを取得していない場合は、手順❶の画面で<Adobe IDを取得>をクリックし、画面の指示に従って取得します。

SECTION 218　DCの基本

対応バージョン　Reader　Standard　Pro　2017

Document CloudのPDFを閲覧する

Document Cloudにログインすると、保存されているPDFをそのままWebブラウザ上で閲覧できます（保存方法はSec.097参照）。すばやくページを切り替えたり、ページに合わせて表示サイズを調整したりすることが可能です。

≫ Document CloudのPDFを閲覧する

❶ メニュー画面で＜ファイルを管理＞をクリックします。

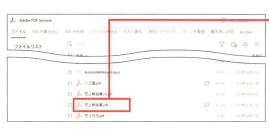

❷ 閲覧したいファイルをクリックします。

> **MEMO　フォルダを開く**
> フォルダを開く場合は、フォルダをクリックします。

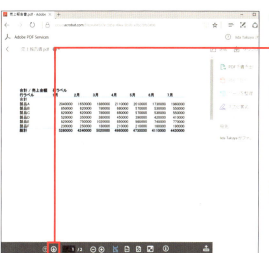

❸ PDFが表示されます。

❹ 🔽 をクリックすると、次のページに移動します。

> **MEMO　メニュー画面に戻る**
> 画面左上の＜Adobe PDF Services＞をクリックすると、メニュー画面に戻ります。

> **MEMO　表示サイズを調整する**
> 🔲をクリックすると表示がページ幅に合い、🔳をクリックすると表示がページ全体に合います。

●DCの基本
第9章

対応バージョン Reader Standard Pro 2017

SECTION 219
PDFの管理

ファイルを整理する

Document Cloud上のファイルは、Webブラウザで自由に整理することができます。フォルダの作成や、ファイルの移動／削除などができるため、保存しているファイルが多くなった場合は、わかりやすく整理しておくとよいでしょう。

≫ ファイルを整理する

❶ メニュー画面で＜ファイルを管理＞をクリックします。

❷ フォルダを作成する場合は、📁 をクリックします。

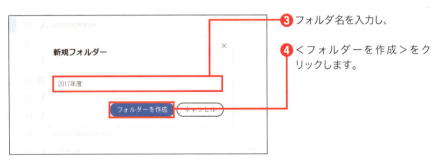

❸ フォルダ名を入力し、

❹ ＜フォルダーを作成＞をクリックします。

❺ フォルダが作成されます。

❻ フォルダにファイルを移動するには、ファイルのチェックボックスをクリックしてチェックを付け、

❼ <移動>をクリックします。

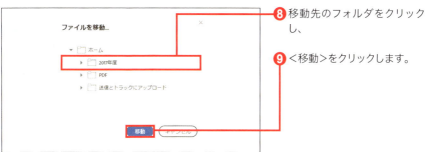

❽ 移動先のフォルダをクリックし、

❾ <移動>をクリックします。

❿ ファイルが移動します。

⓫ ファイルを削除するには、ファイルのチェックボックスをクリックしてチェックを付け、

⓬ <削除>をクリックします。

⓭ <削除>をクリックすると、ファイルが削除されます。

対応バージョン Pro

SECTION
220
PDFの管理

ページを整理する

Document Cloudでは、PDFのページを整理することができます。ページを移動したり、回転させたり、削除したりすることができるため、必要な情報をすばやく整えたい場合などに便利です。なお、ファイルは別名で保存できるため、安心して利用できます。

≫ PDFのページを整理する

❶ Sec.218 手順❶～❷を参考にPDFを表示し、<ページを整理>をクリックします。

❷ PDFのページが一覧表示されます。

❸ ページを移動するには、ページをドラッグします。

❹ ドロップすると、ページが移動します。

❺ ページを削除するには、ページ上の❽をクリックします。

324

❻ ページが削除されます。

❼ ページを右方向に回転するには、⟳をクリックします。

> **MEMO 左方向に回転する**
> ページを左方向に回転するには、⟲をクリックします。

❽ ページが回転します。

❾ 変更を保存するには、<保存>をクリックします。

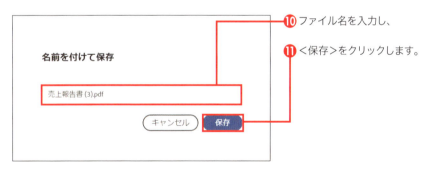

❿ ファイル名を入力し、

⓫ <保存>をクリックします。

⓬ ファイルが Document Cloud に保存されます。

> **MEMO ファイルをダウンロードする**
> <ダウンロード>をクリックすると、ファイルをダウンロードできます。

325

SECTION
221
PDFの管理

対応バージョン　Reader　Standard　Pro　2017

Document CloudのPDFをダウンロードする

Document Cloudに保存されているPDFは、いつでもダウンロードできます。外出先などでファイルが必要になった場合などに役立ちます。なお、Webブラウザ上のダウンロード手順は、Webブラウザによって異なる場合があります。

≫ Document CloudのPDFをダウンロードする

❶ Sec.218 手順❶〜❷を参考にPDFを表示し、＜ダウンロード＞をクリックします。

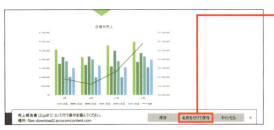

❷ ＜名前を付けて保存＞をクリックします。

❸ 保存先のフォルダを開いてファイル名を入力し、

❹ ＜保存＞をクリックすると、ダウンロードされます。

対応バージョン Standard Pro

SECTION 222
PDFの管理

Document CloudのPDFを別の形式で書き出す

Document Cloudに保存されているPDFは、別の形式で書き出すことができます。Word、Excel、PowerPoint形式のほか、JPGやPNGなどの画像形式や、RTF形式など、幅広い形式に対応しています。

≫ Document CloudのPDFを別の形式で書き出す

❶ Sec.218 手順❶～❷を参考にPDFを表示し、＜PDFを書き出し＞をクリックします。

❷「次の形式に変換」で書き出したい形式を選択し、

❸「文書の言語」で任意の言語を選択して、

❹ ＜○○に書き出し＞をクリックします。

MEMO 画像の場合

手順❷で＜画像＞を選択した場合は、画像の形式や画質を選択します。

❺ 書き出しが完了し、Document Cloudに保存されます。

●PDFの管理　第9章

327

SECTION 223 PDFの管理

PDFを作成する

対応バージョン　Standard　Pro

Document Cloudでは、新しくPDFを作成することもできます。Word、Excel、PowerPoint形式のほか、JPGやPNGなどの画像形式から作成することができます。出先で急にPDFを作成する必要が生じた場合などに便利です。

≫ PDFを作成する

❶ メニュー画面で＜PDFを作成＞をクリックします。

❷ ＜PDFに変換するファイルを選択＞をクリックします。

❸ Document Cloud上のファイルからPDFを作成する場合は、＜Document Cloud＞をクリックします。

MEMO　パソコン上のファイルから作成する

パソコン上のファイルからPDFを作成する手順は、P.329COLUMNを参照してください。

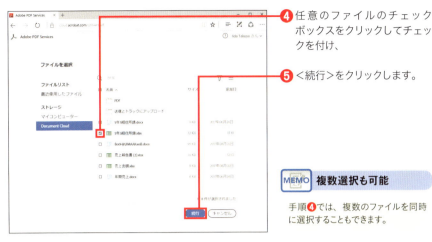

④ 任意のファイルのチェックボックスをクリックしてチェックを付け、

⑤ <続行>をクリックします。

MEMO 複数選択も可能

手順④では、複数のファイルを同時に選択することもできます。

⑥ PDFが作成され、Document Cloudに保存されます。

● PDFの管理
第9章

COLUMN

パソコン上のファイルから作成する

パソコン上のファイルからPDFを作成する場合は、P.328手順❸の画面で、「ファイルをここにドラッグする」にファイルをドラッグします。ファイルを取り込み、<続行>をクリックすると、PDFが作成されます。

329

SECTION 224 PDFを結合する

対応バージョン Standard / Pro

PDFの管理

Document Cloudでは、複数のPDFファイルを結合することもできます。このとき、PDFの順序を自由に入れ替えることもできるため、必要なPDFをすばやく作成することが可能です。通常のPDFの作成と同様に、パソコン上のPDFファイルを選択することもできます。

≫ PDFを結合する

❶ メニュー画面で＜ファイルを結合＞をクリックします。

❷ ＜結合するファイルを選択＞をクリックします。

❸ Document Cloud 上の PDF ファイルを選択する場合は、＜ Document Cloud ＞をクリックします。

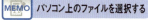

MEMO パソコン上のファイルを選択する

パソコン上のPDFファイルを選択する場合は、「ファイルをここにドラッグする」にPDFファイルをドラッグします。

❹ 任意の PDF ファイルのチェックボックスをクリックしてチェックを付け、

❺ <続行>をクリックします。

❻ 選択した PDF が一覧表示されます。

❼ PDF の順序を入れ替えるには、PDF をドラッグします。

❽ PDF の順序が入れ替わります。

❾ <結合>をクリックします。

❿ PDF が結合され、Document Cloud に保存されます。

索引

数字

1枚の用紙で印刷	080
2分割表示	064
4分割表示	065

A

Acrobat	019
Acrobat Pro DC	020
Acrobat Pro 2017	021
Acrobat Pro 体験版	027
Acrobat Reader	019
Acrobat Standard DC	020
Acrobat Standard 2017	021
Acrobatの機能	022
Acrobatの基本画面	028
Acrobatの種類	020
Adobe Scan	309
Adobe IDでサインイン	288

D

Document Cloud	146, 318
Document CloudでPDFを結合	330
Document CloudでPDFを作成	328
Document CloudでPDFをダウンロード	326
Document Cloudで閲覧	321
Document Cloudで書き出し	327
Document Cloudでファイルを整理	322
Document Cloudでページを整理	324
Document Cloudにログイン	320
Document Cloudの機能	023
Dropbox	148, 316

E

Excel	142, 152, 262, 310, 311

I

Illustrator	163
InDesign	163

O

OneDrive	148
Outlook	158, 160

P

PDF	018
PDF/A	172
PDF/E	172
PDF/X	172
PDF内の画像を書き出す	141
PDFファイルを削除	313
PDFポートフォリオ	164
PDFを1つにまとめる	110
PDFを画像に変換	140
PDFをまとめて印刷	084
Photoshop	162
PowerPoint	142, 152, 310, 311

W

Webページ	154
Word	142, 152, 310, 311

あ

アイコンをサムネール表示	030, 150
アクション	132
アクションウィザード	178
アニメーションを追加	106
暗号化	183
一部分を印刷	092
移動	046, 047, 048, 120, 292, 293
色を変更	216

INDEX

印刷	074
印刷不可	188
インストール	024, 026, 287
閲覧	289
閲覧モード	040
音声	134, 136
音声で読み上げ	238

か

回転	042, 305
回覧承認機能	250
書き出し	142, 143, 311
拡大	038
箇条書き	114
下線を追加	298
画像からPDFを作成	157
画像を差し替え	119
画像を追加	116
画像を編集	118
奇数ページを印刷	090
既定のアプリ	084
既定のプリンター	085
共有	314, 315
クイックツール	032
偶数ページを印刷	090
グレースケール	083, 171
検索	056, 145, 291
高品質なPDF	170
コピー	054
コピー不可	189

さ

最後のページ	048
最初のページ	048
再生方法	136
最適化	168
サブスクリプション版	021
しおり	058, 060, 061
実寸で表示	039
自動スクロール	045
写真をPDFに変換	309
集計	282
縮小	038
縮小印刷	078
順序を入れ替え	099, 303
条件付きで検索	057
詳細パネル	028
小冊子	086
証明書	198
署名	177, 308
透かし	192
スキャナー	174
スキャン	174, 175, 176
スクリーンショット	055
図形	230, 231, 232, 233
図形のプロパティ	234
図形を削除	235
スタンプ	220
ストレージ	028
スプレッドシート分割	065
墨消し	182
整列	121
セキュリティ	180
セキュリティポリシー	190
セクション	052
接頭辞	053

●索引

た

タブ	029, 062, 063
単一ページで表示	290
チェックボックス	275
置換	108
注釈	077, 208, 294
注釈だけのファイル	228
注釈にコメント	222
注釈に返信	223
注釈の一覧	227
注釈の表示名	249
注釈リスト	221
注釈を検索	224
注釈を削除	226
追跡	202
ツール	029
ツールセンター	029
ツールバー	029, 032
ツールパネルウィンドウ	029, 031
ツールヒント	267
テキスト形式	143
テキストの削除を指示	210, 297
テキストの修正を指示	211
テキストの書式	112
テキストの挿入を指示	212
テキストフィールド	276
テキストボックス	217
テキストを追加	296
テキストを編集	111
デジタルID	194
電子印鑑	220
電子署名	194, 204

動画	134, 136
透明度	233
通し番号	126
ドキュメントレビュー	244
トフッカー	248
トリミング	109
ドロップダウンリスト	274
トンボ	094

な

ナビゲーションパネル	029
並び順	122
塗りつぶし色	232
ノート注釈	214

は

背景	123
ハイライト	213, 299
パスワード	184
パッケージ版	021
幅に合わせて表示	037
比較	240, 242, 243
ビューボタン	028
表紙	035
ファイル一覧	028
ファイル共有	247, 254
ファイルサイズ	167
ファイルの表示方法	030
ファイルリスト	028
ファイルを添付	131, 236
ファイルをまとめてPDFに変換	153, 166
フィックスアップ	173
フィルター	243

INDEX

フィールド内で自動計算	270
フィールドの表示方法	264
フィールド名の変更	266
フィールドを非表示	268
フォーム	260
フォームに記入	281
フォームに入力	306
フォームを自動作成	263
フォームを配布	280
複数のウィンドウを起動	066
複数の用紙に分けて印刷	078
フッター	124
フリーハンドで注釈	218, 300
プリフライト	173
プリンター	074
フルスクリーンモード	041
文書パネル	029
文書ビュー	029
ページサムネール	047
ページ数を指定して印刷	081
ページ全体を表示	036
ページ単位で表示	044
ページ範囲を指定して印刷	087
ページ番号	049
ページ番号の表記	050
ページレイアウト	070
ページを削除	098, 304
ページを抽出	101
ページを追加	100
ページを飛び飛びに印刷	088
ページを分割	102, 104, 105
ヘッダー	124

編集	096
編集を制限	186
保存	137
ホームビュー	028
ボタン	132, 277, 278
ポップアップノート	211, 223

ま

右綴じ	068
見開きで印刷	076
見開きで表示	034, 035
メニューバー	028
メール	158, 160, 246, 252
もとに戻す	138, 302
モバイル版Acrobat Reader	286
モバイル版の機能	023

や

やり直す	138, 302
用紙サイズに合わせて印刷	075
余白	093

ら

ラジオボタン	275
リストボックス	272
両面印刷	082
履歴	144
リンク	128, 130, 315
レビュワーを追加	258
レビューを依頼	246, 247, 250
レビューを校正	252, 254
レビューを収集	256

335

お問い合わせについて

本書に関するご質問については、本書に記載されている内容に関するもののみとさせていただきます。本書の内容と関係のないご質問につきましては、一切お答えできませんので、あらかじめご了承ください。また、電話でのご質問は受け付けておりませんので、必ず FAX か書面にて下記までお送りください。なお、ご質問の際には、必ず以下の項目を明記していただきますよう、お願いいたします。

① お名前
② 返信先の住所または FAX 番号
③ 書名（今すぐ使えるかんたん Ex 仕事に役立つ PDF&Acrobat プロ技 BEST セレクション［Acrobat DC ／ Reader DC ／ 2017 対応版］）
④ 本書の該当ページ
⑤ ご使用の OS とソフトウェアのバージョン
⑥ ご質問内容

なお、お送りいただいたご質問には、できる限り迅速にお答えできるよう努力いたしておりますが、場合によってはお答えするまでに時間がかかることがあります。また、回答の期日をご指定なさっても、ご希望にお応えできるとは限りません。あらかじめご了承くださいますよう、お願いいたします。

問い合わせ先

〒 162-0846
東京都新宿区市谷左内町 21-13
株式会社技術評論社　書籍編集部
「今すぐ使えるかんたん Ex 仕事に役立つ PDF&Acrobat プロ技 BEST セレクション［Acrobat DC ／ Reader DC ／ 2017 対応版］」質問係
FAX 番号　03-3513-6167　URL：http://book.gihyo.jp

お問い合わせの例

FAX

① お名前
　技術　太郎
② 返信先の住所または FAX 番号
　03- ××××-××××
③ 書名
　今すぐ使えるかんたん Ex
　仕事に役立つ PDF&Acrobat
　プロ技 BEST セレクション
　［Acrobat DC ／ Reader DC ／
　2017 対応版］
④ 本書の該当ページ
　100 ページ
⑤ ご使用の OS とソフトウェアのバージョン
　Windows 10
　Acrobat Pro DC
⑥ ご質問内容
　手順４の画面が表示されない

※ご質問の際に記載いただきました個人情報は、回答後速やかに破棄させていただきます。

今すぐ使えるかんたんEx

仕事に役立つ PDF&Acrobat プロ技 BEST セレクション

［Acrobat DC ／ Reader DC ／ 2017 対応版］

2017 年 10 月 21 日　初版　第 1 刷発行

著者……………………… リンクアップ
発行者…………………… 片岡　巌
発行所…………………… 株式会社 技術評論社
　　　　　　　　　　　　東京都新宿区市谷左内町 21-13
　　　　　　　　　　　　電話　03-3513-6150　販売促進部
　　　　　　　　　　　　　　　03-3513-6160　書籍編集部
装丁デザイン…………… 神永　愛子（primary inc.,）
カバーイラスト………… ⓒ koti - Fotolia
本文デザイン…………… 今住　真由美（ライラック）
DTP …………………… リンクアップ
編集……………………… 田中　秀春
製本／印刷……………… 日経印刷株式会社

定価はカバーに表示してあります。

落丁・乱丁がございましたら、弊社販売促進部までお送りください。交換いたします。
本書の一部または全部を著作権法の定める範囲を超え、無断で複写、複製、転載、テープ化、ファイルに落とすことを禁じます。
ⓒ 2017　リンクアップ

ISBN978-4-7741-9256-7 C3055
Printed in Japan